# Tierschutz — hunde

mit Martin Rütter

Verhalten verstehen,
Training anpassen,
Beziehung aufbauen

KOSMOS

# Inhalt

# Zu diesem Buch

Oft werden Hunde aus dem Tierschutz als „Problemhunde" dargestellt. Doch Secondhand-Hunde bringen keinesfalls immer Probleme mit sich.

Genauso wie bei Hunden, die von Welpe an in ihrer Familie leben, gibt es auch bei Hunden aus dem Tierschutz unendlich viele unterschiedliche Charaktere. Da gibt es freundliche und auf das neue Leben neugierige Hunde, die beispielsweise einfach nur das Pech hatten, aufgrund einer Erkrankung des Menschen ihr Zuhause zu verlieren. Andere dagegen wurden vielleicht wirklich aufgrund einer bestimmten Problematik abgegeben, die Menschen kamen mit dem Hund bzw. seinem Verhalten nicht mehr zurecht. In einer anderen Umgebung, bei anderen Menschen, kann das Verhalten des Hundes jedoch vollkommen unproblematisch sein. Zudem sind die wenigsten Probleme unlösbar und die wenigsten Hunde aus dem Tierschutz wirklich „unvermittelbar". Mit etwas Training und gegebenenfalls Unterstützung durch professionelle Hundetrainer kann aus dem scheinbar schwierigen Problemhund der einzigartige Traumhund werden, der sich eng an dich anschließt und dich durch dick und dünn begleitet.

## Hunde aus dem Auslandstierschutz

Tierschutz kennt keine Grenzen und so möchte ich an dieser Stelle auch eine Lanze für die Hunde aus dem Auslandstierschutz brechen. Wenn du gerade auf der Suche nach einem neuen Familienmitglied bist, lohnt sich der Kontakt zu einer seriösen Tierschutzorganisation in jedem Fall. Viele dieser Hunde, die aus den südlichen bzw. östlichen Ländern kommen, haben jedoch häufig zuvor auf der Straße gelebt. Daher ist es wichtig, dass die Organisation weiß, woher ihre zu vermittelnden Hunde kommen und welche Vorerfahrungen sie mit sich bringen. Diese sogenannten „Straßenhunde" haben zum Teil in ihrem bisherigen Leben gar nicht bei oder mit dem Menschen gelebt und kennen nicht selten ein vollkommen anderes Lebensumfeld, als es sie hier in unserer Zivilisation erwartet. Große Selbstständigkeit gepaart mit starkem Jagdtrieb oder

Im Tierschutz gibt es die unterschiedlichsten Hunde, hier findet jeder den passenden Begleiter.

auch Stubenunreinheit gepaart mit großer Unsicherheit gegenüber dem Menschen und dessen Körpersprache bringen viele Halter an den Rand der Verzweiflung und es gibt häufig Grenzen, die man akzeptieren muss. Oft bedeutet dies dann eine herbe Enttäuschung. Daher gehört zu sinnvollem Auslandstierschutz auch, vor Ort aufzuklären und die Lebensbedingungen für die dort lebenden Hunde zu verbessern. Eine Vermittlung gerade von Hunden aus dem Ausland darf nicht um jeden Preis erfolgen, denn viele Straßenhunde verbringen ein nach ihren eigenen Gesichtspunkten zufriedenes und glückliches Leben in ihrem Heimatland. Freiwillig würden sie niemals „auswandern", weder für einen immer gefüllten Futternapf noch für ein weiches Bett und unendliche viele Streicheleinheiten!

Doch die Aufnahme eines Hundes aus zweiter, dritter, vierter oder sogar fünfter Hand ist nicht nur eine gute Tat im Sinne des Tierschutzes. Wenn du einen Hund aus dem Tierschutz aufnimmst, kannst du Erfahrungen machen, die nicht nur dein Herz berühren, sondern auch dein Leben verändern werden. Denn wer einmal erlebt, wie der verängstigte Hund sich nach einiger Zeit vertrauensvoll an seinem Menschen orientiert, hält gerührt die Luft an. Und wenn der „ignorante", selbstständige Straßenhund auf einmal begeistert auf das Spiel mit seiner Familie eingeht und überschäumend, ja fast schon „kindisch" herumtobt, dann sieht man die ausgelassene Freude nicht nur beim Hund! Finden Mensch und Hund zueinander und vertrauen einander, beginnt für beide ein neues Leben.

# Secondhand — Hunde

## Was sie so besonders macht

# Welpe oder erwachsener Hund?

Für die Anschaffung eines Hundes gibt es zahlreiche Gründe und immer mehr Menschen wünschen sich ein Leben mit Hund.

Der Hund soll Freund und Begleiter sein, seine Anwesenheit soll sich positiv auf die Entwicklung der Kinder auswirken, er soll die Einsamkeit verringern oder ist der „Motor" für Ausflüge in die Natur und mehr Bewegung. Er wird als Helfer bei der Arbeit benötigt oder ist Team-Partner bei sportlichen Aktivitäten und auf Wettkämpfen. Die Motivation beeinflusst dabei auch die Auswahl des Hundes: Der Hund als sozialer Begleiter soll möglichst niedlich, kuschelig und nett sein. Der Arbeitshund wird dagegen in der Regel aus einer bestimmten Rasse oder Rassegruppe gewählt, da er entsprechende Fähigkeiten mitbringen soll.

Steht die Anschaffung eines Hundes an, haben viele Menschen immer noch als Erstes den Gedanken an den süßen, niedlichen Welpen, den sie bald im Arm halten werden. Sicher gibt es Gründe, die für einen Welpen sprechen. Du kannst ihn in kleinen Schritten an dein Leben und die Anforderungen, denen er dabei gewachsen sein muss, gewöhnen. Auf der anderen Seite musst du aber einige Monate (je nach Größe des Hundes bis zum Alter von einem Jahr) Rücksicht in Bezug auf die Länge der Spaziergänge nehmen, ein Welpe wird vermutlich auch länger brauchen, stubenrein zu werden, er muss das Alleinbleiben erst in kleinen Schritten lernen und die meist etwas anstrengende Junghundezeit und Pubertät steht euch noch bevor. Erwachsene Hunde können dagegen von Beginn an, außer wenn sie durch eine Erkrankung körperlich eingeschränkt sind, an allen Aktivitäten teilnehmen.

Die Stubenreinheit ist zwar gerade bei Hunden aus dem Tierschutz oft noch nicht vorhanden, wird aber in der Regel schneller erlernt als bei Welpen, da sie ihre Blase bereits gut kontrollieren können. Der Hund muss lediglich lernen, dass er sich nur draußen lösen soll. Zwar haben einige Hunde aus dem Tierschutz Probleme mit dem Alleinbleiben (siehe S. 146 f.), doch wenn dies

Der Labrador gehört zu den Apportierhunden, er eignet sich daher ideal für das Dummytraining.

nicht der Fall ist, lernen diese Hunde schnell, auch für einige Stunden ohne den Menschen zu Hause zu bleiben. Der erwachsene Hund ist jedoch in seinem Charakter bereits gefestigt. Natürlich kann er auch noch lernen, sich an besondere Umstände zu gewöhnen, dies wird jedoch in aller Regel länger dauern als beim Welpen und ist oftmals nur eingeschränkt möglich. Ein Generalisieren fällt zudem schwer, der Hund muss alle Situationen neu kennenlernen, um diese als bekannt und vertraut abzuspeichern. Du hast dich entschieden – ein Welpe soll bei dir einziehen? Doch wo findest du deinen Traumwelpen? Schaut man sich in Kleinanzeigenportalen um, werden dort unendlich viele Mischlingswelpen angeboten. Doch wie seriös sind solche Angebote? Sind sie wirklich eine Alternative zum Züchter von Rassehunden?

## Designer-Hunde

Leider steht gerade bei der „Produktion" (denn Zucht kann man dies nicht nennen!) von Hunden häufig immer noch der Profit im Vordergrund. Dabei gibt es unterschiedlichste „Geschäftsmodelle". Der professionelle Händler hat neben vielen unterschiedlichen Rassehundewelpen auch alle möglichen Mischlingswelpen im Angebot, denn diese verkaufen sich nicht weniger gut wie Rassehunde. Designerhunde wie Labradoodle, Cockapoo und Puggle, die gezielt als Mischling gezüchtet werden, kosten häufig sogar mehr als Rassehunde aus seriöser Rassehundezucht. Immer noch denken viele Menschen, dass sie mit einem Mischlingswelpen in jedem Fall einen gesunden Hund bekommen, zumindest einen gesünderen Hund als einen Rassehundewelpen. Verpaart man jedoch einen Labrador und einen Pudel, die beide an HD (Hüftgelenksdysplasie) leiden, ist die Wahrscheinlichkeit, dass die Labradoodle-Welpen an HD leiden, sehr groß. Lediglich in Bezug auf rassespezifische Erkrankungen, für die der Labradoodle dann jeweils nur das Gen von einem Elternteil für diese Erkrankung besitzen kann, ist die Wahrscheinlichkeit, hieran zu erkranken, geringer als bei einem Rassehundewelpen.

## Qualzuchtrassen

Schaut man sich allerdings einige Rassen an, so muss man der These, dass Rassehunde sehr häufig erkranken, wohl leider zustimmen. Denn gerade sogenannte Qualzuchtrassen haben mittlerweile so viele gesundheitliche Probleme, dass man von einem Kauf von Hunden dieser Rassen leider abraten muss!

Links: Was wie ein Lächeln wirkt, ist in Wahrheit ein Zeichen höchster Not: Durch die kurze Nase bekommt die Französische Bulldogge kaum noch Luft.

Hunde kauft man nicht auf dem Parkplatz. Das gilt sowohl für Welpen als auch für erwachsene Hunde!

Die bekanntesten Rassen mit Qualzuchtmerkmalen sind wohl Mops und Französische Bulldogge, die wegen ihres „niedlichen" Aussehens einen regelrechten Boom erlebten, aufgrund der Brachyzephalie, also der Kurzköpfigkeit, jedoch unter Atemnot und zudem unter diversen anderen schweren gesundheitlichen Problemen leiden. Eine schnarchende Bulldogge und ein Mops, der nur noch im Sitzen ohne zu ersticken schlafen kann, sind nicht niedlich, sie sind bedauernswert! Beim Thema Qualzucht müssen nicht nur die Züchter in die Verantwortung genommen werden: Jeder, der einen solchen Welpen kauft, fördert die Zucht dieser kranken Hunde und damit weiteres Tierleid. Auch aus Mitleid solltest du keinesfalls Welpen, egal welcher Rasse kaufen, weder aus einer Massentierhaltung noch beim Händler, der dir den Hund auf dem Parkplatz aus dem Auto heraus übergibt.
Gerade Mops und die Französische Bulldogge haben einen Charakter, der viele Menschen begeistert. Möchtest du unbedingt mit einem Hund dieser Rassen dein Leben teilen, kannst du dich

### §11b DES DEUTSCHEN TIERSCHUTZGESETZES

Was unter Qualzucht fällt, ergibt sich in Deutschland aufgrund des §11b des deutschen Tierschutzgesetzes, der Zuchtbedingungen regelt:

(1) Es ist verboten, Wirbeltiere zu züchten (...), soweit (...) züchterische Erkenntnisse (...) erwarten lassen, dass als Folge der Zucht (...)

1. bei der Nachzucht (...) erblich bedingt Körperteile oder Organe für den artgemäßen Gebrauch fehlen oder untauglich oder umgestaltet sind und hierdurch Schmerzen, Leiden oder Schäden auftreten oder
2. bei den Nachkommen
   a) mit Leiden verbundene erblich bedingte Verhaltensstörungen auftreten,
   b) jeder artgemäße Kontakt mit Artgenossen bei ihnen selbst oder einem Artgenossen zu Schmerzen oder vermeidbaren Leiden oder Schäden führt oder
   c) die Haltung nur unter Schmerzen oder vermeidbaren Leiden möglich ist oder zu Schäden führt.

in den umliegenden Tierheimen umschauen. Dort findest du nicht selten solche Hunde aus Beschlagnahmungen bzw. illegalen Zuchten oder Welpentransporten. Du musst dir aber im Klaren darüber sein, dass du in keinem Fall einen gesunden Hund bekommen wirst! Operationen, z. B. am Gaumensegel oder zur Erweiterung der viel zu kleinen Nasenlöcher, sowie diverse Behandlungen verursachen hohe Tierarztkosten, die du bei der Anschaffung des Hundes von Beginn an einplanen solltest.

Französische Bulldoggen werden nicht selten im Tierheim abgegeben, wenn hohe Tierarztkosten anstehen.

## Welpen in Kleinanzeigen

Wer einen Hund aus dem Tierschutz möchte, wird vermutlich selten einen Hund im Handel oder beim Designerzüchter erwerben. Doch was ist mit all den Mischlingswelpen, die man in den vielen Kleinanzeigenportalen findet? „Unfallwurf: Wunderschöne Border Collie/Schäferhund-Mischlingswelpen vom Bauernhof suchen dringend ein neues Zuhause"! Wäre das nicht eine Möglichkeit, einem armen Welpen, der auf der Suche nach einem Zuhause ist, zu helfen? Beim Besuch kannst du die Welpen dann in einem Stall, im Stroh einer Pferdebox liegend, anschauen und spätestens jetzt ist die Entscheidung gefallen: Diese Welpen brauchen ein liebevolles Zuhause mit einem weichen Bett und Menschen, die sich um sie kümmern, und einem davon wirst du helfen! Und natürlich, entscheidest du dich für diesen Welpen, hat er das große Los gezogen und wird ein wundervolles Leben bei dir haben. Doch leider handelt es sich bei solchen Angeboten nicht selten um geplante Würfe. Natürlich kann es durchaus auch hier in den westlichen Ländern einmal vorkommen, dass eine Hündin aus Unachtsamkeit ungewollt von einem Rüden gedeckt wird. Allerdings ist das eher selten der Fall, denn die Verhältnisse hier sind doch ganz andere als z. B. in südlichen oder östlichen Ländern, in denen Straßenhunde zum Alltag der Menschen dazugehören. Freilaufende Hunde sind selbst in unseren Dörfern inzwischen eine Ausnahme. Daher solltest du solche Angebote immer hinterfragen, damit du nicht ungewollt einen Vermehrer unterstützt, der Hunde verpaart, ohne diese auf Krankheiten untersuchen zu lassen, und der die Welpen mit minimaler gesundheitlicher Versorgung großzieht sowie bei der Aufzucht kaum Wert auf

Rechts: Ein seriöser Züchter investiert nicht nur Geld, sondern auch sein Herzblut in die Zucht gesunder Hunde.

Sozialisierung legt, wie es ein seriöser Züchter tut. Nicht selten hat die Mutterhündin ein Jahr später wieder einen Unfallwurf, und das Jahr für Jahr. Auch wenn die Welpen vermutlich nicht so viel wie Rassehundewelpen kosten, ist ein solcher Wurf für den Vermehrer eine sehr gute Nebeneinnahme. Kaufst du also einen dieser Welpen, unterstützt du damit, dass die Hündin immer und immer wieder Welpen gebären und aufziehen muss, meist unter erbärmlichen Bedingungen.

## Welpen aus seriöser Zucht

Entscheidest du dich für die Aufnahme eines Welpen, der nicht aus dem Tierschutz kommt, suche dir einen seriösen Züchter! Diesen macht vor allem eines aus: Er fühlt sich ein Leben lang für die von ihm gezüchteten Hunde verantwortlich. Er interessiert sich während des gesamten Hundelebens für die Entwicklung der Hunde, ist Ansprechpartner für die Familien bei Erziehungsfragen oder Problemen, und fühlt sich auch dann

Auch im Tierschutz findet man immer mal wieder Mischlingswelpen, die ein neues Zuhause suchen.

verantwortlich, wenn ein Hund einmal nicht mehr bei seiner Familie bleiben kann. Sei es, weil Krankheit oder Tod eines Familienmitglieds die Haltung nicht mehr möglich machen, aber natürlich auch, weil es – trotz sorgfältiger Auswahl des passenden Welpen für jede Familie – vielleicht Probleme mit dem Hund gibt, denen sich die Halter nicht mehr gewachsen fühlen. Ein guter Züchter hilft nicht nur bei der Lösung von Problemen, er nimmt von ihm gezüchtete Hunde auch wieder bei sich auf bzw. hilft aktiv bei der Vermittlung in eine neue Familie. Letztlich ist ein Züchter damit auch aktiv im Tierschutz, denn er tut alles dafür, dass keiner „seiner Hunde" im Tierheim landet.

Viele Züchter engagieren sich auch im größeren Rahmen für ihre Rasse, indem sie bei der Vermittlung von in Not geratenen Hunden aus nicht seriösen Zuchten helfen. Und nicht selten findet dann auch einer dieser Hunde im Züchterhaushalt einen Platz auf Lebenszeit. Denn die Liebe zu diesen Hunden steht hier immer über dem Profit. Letztlich gibt es bei der Entscheidung für bzw. gegen einen Rassehundewelpen oder alternativ für bzw. gegen einen Hund aus dem Tierschutz kein „Richtig" oder „Falsch", kein „Gut" oder „Böse". Wichtig ist nur, dass die Entscheidung, die du triffst, immer auf dein aktuelles Leben und die Anforderungen bzw. Möglichkeiten abgestimmt sein muss.

## Welpen aus dem Tierschutz

Natürlich kannst du dich auch für einen Welpen aus dem Tierschutz entscheiden. Allerdings wird es vermutlich einige Zeit dauern, bis du hier fündig wirst. Das liegt daran, dass selten jemand seinen Welpen abgibt, denn dieser ist ja wirklich einfach nur bezaubernd. Dass der Welpe später einmal Probleme machen wird, mit denen man nicht klarkommt, können sich die wenigsten Menschen vorstellen. Doch spätestens, wenn der junge Hund in die Pubertät kommt, wird deutlich: Erziehung ist anstrengend. Bleibt der Mensch hier nicht dran, zeigt sich das schnell im Verhalten des Hundes: Beim Spaziergang an der Leine ziehen, im Freilauf zu anderen Hunden rennen oder sogar der Jagd nachgehen, ohne auf den Rückruf zu reagieren, bis hin zum Durchsetzen der eigenen Wünsche und das auch mit aggressivem Verhalten, sind die häufigsten Probleme, die auftreten, wenn Hunde keine Grenzen erfahren und nicht lernen, sich an bestimmte Regeln im Alltag zu halten. Doch selbst wenn keine Probleme auftreten, zeigt sich im weiteren Zusammenleben, dass ein Hund das Leben einschränkt, dass man auf ihn und seine Bedürfnisse immer Rücksicht nehmen muss. Spätestens jetzt wird vielen Menschen klar: „Der Hund passt nicht in unser Leben, er muss weg." All dies sollte man sich natürlich vor der Anschaffung des Welpen überlegen, doch leider kaufen immer noch viele Menschen einen Welpen aus einer spontanen Idee heraus. Und so landen dann nicht wenige dieser voreilig angeschafften Hunde als erwachsener Hund im Tierheim.

### Ungewollte Trächtigkeit

Auch die ungewollte Trächtigkeit einer Hündin kann dazu führen, dass diese im Tierheim abgegeben wird. In diesem Fall werden die Welpen im Tierheim geboren und aufgezogen. Die Tierheimmitarbeiter kümmern sich liebevoll um Mutterhündin und Welpen, was insbesondere in der Sozialisierungsphase ab der vierten Lebenswoche der Welpen eine anspruchsvolle Aufgabe ist, die neben dem alltäglichen Trubel im Tierheim eine große Herausforderung bedeutet. In der Regel werden diese Welpen dann mit acht bis zehn Wochen abgegeben. Dies ist eine der wenigen Möglichkeiten der Aufnahme eines Welpen aus dem Inlandstierschutz.

### Illegale Welpentransporte

Immer wieder einmal findet man auch Welpen aus dem illegalen Welpenhandel im Tierheim. Leider gibt es immer noch unseriöse Händler, die ihre Welpen im Handel oder auf Online-Plattformen anbieten. Diese Welpen werden, häufig schlecht versorgt bzw. ernährt, im Ausland aufgezogen und dann in großen Transporten, zusammengepfercht in engen Kisten, an den Verkaufsort gebracht. Ab und an gelingt es, einen solchen Transport zu stoppen. Die häufig kranken und nicht selten viel zu jungen Welpen kommen dann erst einmal ins Tierheim, wo sie medizinisch versorgt und wieder aufgepäppelt werden. Da zudem garantiert werden muss, dass die Welpen nicht an ansteckenden Krankheiten wie z. B. Staupe leiden, werden sie zunächst einmal nicht vermittelt. Erst nach einer mehrwöchigen Quarantäne dürfen Interessenten die Kleinen kennenlernen. Genau

Ein 6 Monate alter Hund kann eine Herausforderung sein, wenn er bisher noch nicht viel kennengelernt hat.

genommen sind die meisten der zu vermittelnden Hunde dann aber keine Welpen mehr, denn mit ca. 16 Wochen beginnt bereits die Junghundezeit. Wenn du einen dieser Junghunde aufnehmen möchtest, musst du dir allerdings darüber im Klaren sein, dass der Hund einen eher schlechten Start ins Leben hatte, sowohl was die Ernährung und medizinische Versorgung als auch was die Sozialisierung betrifft. Diese Hunde leiden zudem häufig an vielen genetisch bedingten Krankheiten, die in der jeweiligen Rasse vorkommen können. Denn in aller Regel wurden weder die Mutterhündin noch der Deckrüde in Bezug auf diese Erkrankungen vom Verkäufer getestet. Bei solchen Händlern spielt einzig eine Rolle, dass die Hündin sich problemlos decken lässt und so viele Würfe mit so vielen Welpen wie möglich produziert. Der Profit ist das Einzige, was zählt.

### Welpen aus dem Auslandstierschutz

Im Auslandstierschutz gibt es viele Welpen, die ein Zuhause suchen. Diese werden meist zusammen mit der Mutterhündin auf der Straße gefunden und in einer Auffangstation der Tierschutzorganisation versorgt. Auch wenn eine gute Organisation sich dadurch auszeichnet, dass nicht ausschließlich bzw. hauptsächlich Welpen vermittelt werden – denn es soll ja nicht der Profit im Vordergrund stehen –, wird man diese in fast jeder Tierschutzorganisation aus dem Auslandstierschutz immer wieder in der Vermittlung finden, denn durch die unkontrollierten Lebensbedingungen der Straßenhunde ist Nachwuchs garantiert. Und natürlich spricht nichts dagegen, einen dieser Welpen aufzunehmen und ihm ein neues Zuhause zu bieten. Da es sich in der Regel um Mischlingswelpen handelt, musst du dir bewusst sein, dass nicht nur in Bezug auf die Gesundheit bzw. die genetisch bedingten Erkrankungen, sondern auch zu Größe, Gewicht sowie Verhalten keine genauen Aussagen gemacht werden können. Der als „maximal kniehoch werdende" junge Hund hat sich nicht allzu selten als Rüde von stattlicher Größe eines Schäferhundes entwickelt.

In den meisten Ländern dürfen die Welpen (wie zurzeit z. B. in Deutschland) frühestens mit wirksamer Tollwutimpfung einreisen. Da diese erst im Alter von 12 Wochen erfolgen darf und drei Wochen später erst wirksam wird, ist eine Einreise frühestens mit 15 Wochen möglich. Dann handelt es sich aber eben nicht mehr um den süßen kleinen Welpen, der im Internet auf dem Foto zu sehen war, sondern vielmehr um einen Junghund, der gerade dabei ist, seine eigenen Stärken zu entdecken.

# Die Auswahl – keine leichte Aufgabe

Überleg dir vorab genau, was für einen Hund du möchtest. Dabei spielt nicht nur die Frage nach dem Alter deines zukünftigen Hundes eine Rolle.

Genauso wichtig sind auch Fragen zu deinen Vorstellungen, deinem Lebensraum und den Interessen, denen du und dein Hund in Zukunft gemeinsam nachgehen wollt:

- Soll es ein Welpe, Junghund, ein erwachsener Hund oder ein Senior sein?
- Hast du genügend Zeit für einen Hund? Wieviel Zeit kannst du täglich investieren?
- Soll er dich evtl. zur Arbeit begleiten oder auch mal einige Zeit allein bleiben können?
- Möchtest du eher einen bequemen Hund oder einen echten Sportskollegen?
- Muss er mit Kindern klarkommen?
- Soll er mit anderen Hunden zusammenleben?
- Wohnst du eher ruhig oder im städtischen Umfeld?

Erste Hinweise auf den Charakter eines Hundes ergeben sich, falls bekannt, aus der Rasse bzw. Rassemischung. Doch jeder Hund muss individuell betrachtet werden! Mithilfe eines professionellen Hundetrainers kannst du in Erfahrung bringen, ob dein gewählter Hund bezüglich seiner Veranlagungen und Motivationen zu dir passt. Lasse dir bei der Auswahl deines künftigen Schützlings Zeit und kontaktiere mehrere Tierheime bzw. Vereine. Viele Tierheime arbeiten auch mit Hundetrainern zusammen, lassen die Hunde ausbilden und ihren Charakter einschätzen.
Viele Menschen verlieben sich direkt in den ersten Hund, den sie sehen oder aber haben das Gefühl, dass sie diesen armen Hund, wo er doch schon in die engere Auswahl gekommen ist, nun nicht zurücklassen und weiter leiden lassen können.

Passen Mensch und Hund zueinander, entsteht eine tiefe Bindung, die durch gegenseitiges Vertrauen geprägt ist.

Doch dem Hund ist nicht wirklich geholfen, wenn er zwar aus dem Tierheim herauskommt, danach aber in einer Familie lebt, die ihn nicht versteht und ihm seine Bedürfnisse gar nicht erfüllen kann. Er hat dann zwar eine Familie, leidet aber weiter, unter Umständen sogar mehr als im Tierheim. Und muss er dann nach einiger Zeit, wenn die Familie feststellt, dass der Hund wirklich nicht mehr ins Leben passt, wieder zurück ins Tierheim, ist das Leid für den Hund umso größer!

## Gründe für einen Secondhand-Hund

Ein sehr häufiger Grund für die Anschaffung eines Secondhand-Hundes ist Mitleid. Der Mensch nimmt das Elend der vielen Hunde ohne ein „gutes" Zuhause wahr und möchte diesen helfen. Dabei sollte Mitleid bei der Anschaffung eines Secondhand-Hundes niemals im Vordergrund stehen. Und damit sind gar nicht die Menschen gemeint, die sich mit dieser „sozialen Leistung" Ansehen bei ihren Mitmenschen verschaffen wollen. Je schlechter ein Hund aussieht, je abgemagerter, verletzter, gehandicapter er ist und je gestörter er sich verhält, umso größer scheint das Ansehen zu sein, dass derjenige, der diesen Hund aufnimmt, damit erreicht. Doch Mitleid ist grundsätzlich kein guter Grund, einen Hund aufzunehmen oder sich – egal in welchem Bereich – sozial zu engagieren.

### Empathie statt Mitleid

Das Leid der Hunde ist oftmals groß und das nicht nur in Bezug auf erwachsene Hunde. Auch viele Welpen fristen ein trostloses Leben in großen Zwingeranlagen bei sogenannten Züchtern. Doch ein Kauf oder eine Anschaffung aus Mitleid führt oft zu weiteren Problemen.

Wer Mitleid hat, der „leidet mit"! Er sieht immer nur das Leid, was dieser Hund in seinem bisherigen Leben erfahren hat. „Mitleid zieht Trauergefühle, Ängste und Ärger mit sich und wird von Resignation geprägt, weil eben alle Aufmerksamkeit auf das Mit-Leiden gelegt wird" (von der Leyen und Böhm-Reithmeier, 2017, S. 26).

Und nicht selten ist dieses Leid ein Spiegel für die eigenen Gefühle und Erfahrungen. Der Mensch, der sich einsam und verlassen fühlt, nimmt einen Hund auf, der von niemandem gewollt wird, der von allen verlassen wurde. Der misshandelte Mensch fühlt sich zu dem Hund hingezogen, der noch die Narben seiner eigenen Misshandlung trägt. Aus menschlicher Sicht ist dies auch erst einmal verständlich: Wir fühlen uns zu Lebewesen hingezogen, die uns gleich sind, die das Gleiche durchmachen mussten und uns damit doch auch verstehen müssen. Doch leider ist genau das die falsche Motivation. Der Mensch, der trauert und sich einsam fühlt, braucht eigentlich einen Hund, der lebensfroh und kontaktfreudig ist, und diesem Menschen dabei hilft, seine Probleme zu überwinden. Er sieht, wie unbeschwert der Hund durchs Leben geht, und muss über ihn lachen, wenn er wieder einmal Blödsinn macht.

**Mitleid verhindert, den Hund so zu sehen, wie er eigentlich ist, mit all seinen positiven und wundervollen Eigenschaften.**

Die Aufnahme eines blinden Hundes, wie Mika, bedeutet eine große Aufgabe für die Halter.

Und wenn der Hund dann ständig unterwegs zu anderen Hunden ist, kommt sein Mensch automatisch in Kontakt mit den Haltern der anderen Hunde – und auf einmal ist er nicht mehr einsam. Er geht wieder nach draußen, pflegt Kontakte und nimmt am Leben teil.

Wird der Hund jedoch ständig nur als „armes Tier" betrachtet, steht immer seine Vergangenheit im Fokus. Und diese wird nicht selten als Entschuldigung angeführt, warum der Hund dieses oder jenes nicht kann bzw. sich in einer bestimmten Art und Weise verhält. Häufig ist dies auch für den Menschen einfacher, denn Veränderung kostet Anstrengung und Kraft!

Das Training von Hunden, insbesondere mit Problemverhalten, ist aufwendig und dauert seine Zeit. Man muss also sowohl finanziell als auch in Bezug auf den zeitlichen Rahmen viel investieren. Kommt dann noch hinzu, dass es nicht reicht, mit dem Hund zu trainieren und ihm neue Verhaltensweisen beizubringen, sondern muss der Mensch sich ändern und sein Leben umgestalten, wird die Haltung eines Hundes nicht selten zum Geduldsspiel, zur großen Herausforderung. Mitleid beeinträchtigt das Handeln des Menschen, es entsteht ein Teufelskreis. Ein Hund, der bisher nur schlechte Erfahrungen mit Menschen gemacht hat, zeigt verständlicherweise Angst. Das bedeutet aber nicht, dass du ihn in dieser Angst lassen musst, indem du ihn bedauerst, ihn tröstest, ihn mit Liebe und Sorge überschüttest. Sicherlich wird ein Training beschwerlich – für Mensch und Hund. Doch das gemeinsame Überwinden der Ängste des Hundes schweißt beide Partner zusammen und führt letztendlich zu einer vertrauensvollen Beziehung. Daher solltest du anstelle von Mitleid viel eher Empathie für den Hund zeigen!

Nur wer die Gefühle, Bedürfnisse und den Charakter eines anderen Lebewesens erkennt und versteht, nur wer mit einem anderen Lebewesen fühlt, kann diesem helfen, sich weiterzuentwickeln und an vorhandenen Schwierigkeiten zu wachsen.

## Leben in der Gegenwart

Du solltest also vielmehr deinen Hund bewundern. Schließlich hat er seine bisherige Vergangenheit gemeistert und diese überlebt! Wenn du Mitgefühl statt Mitleid empfindest, siehst du vielmehr die Gegenwart als die Vergangenheit. Du siehst, welches Glück der Hund hat, denn ihn erwartet ab sofort ein wundervolles Leben! Ab jetzt hat er nicht nur ausreichend Futter und medizinische Versorgung, er darf auch seine Bedürfnisse ausleben und wird von dir sicher durch das Leben geführt (von der Leyen & Böhm-Reithmeier, 2017, S. 26)!

Wenn du einen Hund aus dem Tierschutz bei dir aufnimmst, solltest du dich zwar so weit wie möglich über seine Vergangenheit informieren, denn sie kann dir Hinweise auf Verhaltensweisen deines neuen Familienmitglieds geben oder eine Hilfe für das zukünftige Training sein. Dein Hauptaugenmerk sollte jedoch nicht auf die Vergangenheit deines Hundes gerichtet sein, sondern vielmehr auf die Gegenwart. Diese kannst du ändern, ihr – du und dein Hund – könnt eure gemeinsame Zukunft aktiv gestalten. Nutze diese Chance und werde aktiv.

Freue dich über jede Minute, die dein Hund nun mit dir in seinem neuen Leben verbringen darf. Nicht selten schaffen sich Menschen jedoch Hunde an, um ihre eigenen Bedürfnisse zu erfüllen. Solange die Bedürfnisse des Hundes dabei nicht vergessen und ebenso erfüllt werden und damit auch zu den Bedürfnissen des Menschen passen, ist das kein Problem. Kann der Hund die Erwartungen des Menschen jedoch nicht erfüllen, entsteht schnell Frust auf beiden Seiten. Mensch und Hund sind unglücklich miteinander, das gemeinsame Leben wird immer mehr zur Qual.

### Motivation „Liebe"

Gerade im Tierschutz scheint Liebe „DAS" Motiv zu sein, das als Argument herhalten muss, um Tiere aufzunehmen. Die Tierliebe ist so groß, dass man unbedingt einem Tier ein Zuhause geben muss, egal, welche Probleme es auch immer mit sich bringt. In diesem Fall steht meist das eigene Bedürfnis, nämlich einem Gegenüber seine Liebe zu zeigen, im Vordergrund der Entscheidung für einen Hund. Doch was bedeutet Liebe überhaupt? Für viele Menschen bedeutet es, den Hund zu verwöhnen, ihn zu streicheln, zu füttern und eng an sich zu binden. Aber wird aus einem ängstlichen Hund ein sicherer, souveräner Hund, wenn er nur genug Liebe bekommt? Und was ist, wenn der Hund den engen Kontakt beispielsweise gar nicht möchte oder sogar, viel schlimmer noch, wenn genau dieses Verhalten seine „Probleme" verschlimmert? Der Hund mit Angst vor Menschen wird wenig begeistert sein, wenn diese ständig den Wunsch verspüren, ihn zu umarmen und ihn zu irgendwelchen Handlungen „überreden" wollen … Hier trifft dann leider der häufig zitierte Satz zu: „Liebe macht blind". Allerdings etwas anders, als er meist interpretiert wird: Der Mensch, der aus Liebe den Hund aus dem Tierschutz rettet und ihn mit ebendieser vermeintlichen Liebe überschüttet, sieht gar nicht, welchen Schaden er damit beim Hund anrichtet.

Dagegen scheint ein anderes, ähnliches Zitat doch viel besser zu passen, auch auf die Rettung von Hunden im Tierschutz! „Sie (die Liebe, Anmerkung des Verfassers) erträgt alles, glaubt alles, hofft alles, hält allem stand. Die Liebe hört niemals auf" (1. Korinther 13,1 – 8a).

Wer Tierschutz betreiben und einen Secondhand-Hund aufnehmen möchte, erträgt alles, was der Hund gegebenenfalls an gesundheitlichen oder verhaltensbedingten Problemen mit sich bringt. Auch Glaube und Hoffnung auf Besserung sind wichtig, denn wer die Hoffnung aufgegeben hat, wer nicht versucht, etwas zu verbessern, der hat sich – und in dem Fall dann auch den Hund – aufgegeben. Auch wenn bei bestimmten Problemen, sei es in Bezug auf Krankheiten, aber auch auf unerwünschte Verhaltensweisen, keine „Heilung" erfolgen kann, ist eine Besserung, und sei sie auch noch so gering, doch niemals ausgeschlossen. Es kann immer noch genau das eine Medikament geben, das man noch nicht gegeben oder die eine Therapie existieren, die man noch nicht ausprobiert hat.

Natürlich lieben wir alle unsere Hunde, sonst würden wir wohl kaum mit ihnen zusammenleben. Wer würde wohl freiwillig jeden Morgen, ob es regnet, schneit oder die Sonne vom Himmel brennt, in aller Frühe nach draußen gehen?

Für uns Hundehalter ist dies ganz selbstverständlich. Genauso, wie Massen von Hundehaaren täglich aus der Wohnung sowie von Kleidung, Auto und Sofa entfernt werden. Und auch, wenn er den Durchfall wieder einmal auf dem wertvollen Teppich (insofern dieser überhaupt noch Wohnungsbestandteil ist!) hinterlassen hat, wird alles kommentarlos gesäubert und der arme Hund umsorgt und gepflegt. Wie hieß es doch oben so schön? „Liebe hält allem stand!"

Links: Hunde aus dem Tierschutz können mit Spielzeug oft nichts anfangen. Sie müssen erst lernen, zu spielen.

Wer kann diesem Blick schon widerstehen?

### Erwartung auf Gegenliebe

Doch eines darf die Liebe nicht, Erwartungen hegen! Einen Hund in der Erwartung auf Gegenliebe aufzunehmen, kann nur zu Enttäuschungen führen.

Ein Satz, der gerade in Zusammenhang mit Hunden aus dem Tierschutz häufig fällt, führt nicht selten zu großer Enttäuschung: „Tierschutzhunde sind so dankbar!" Doch warum sollte ein Hund aus dem Tierschutz dankbar dafür sein, dass ein Mensch ihn mit in sein Zuhause nimmt? Vielleicht hatte der Hund ein wundervolles Zuhause, mit einer liebevollen Familie und musste diese aufgrund Trennung der Partner oder Erkrankung bzw. Tod eines Menschen verlassen? Er weiß ja nicht, dass er, hätte ihn die neue Familie nicht aufgenommen, ins Tierheim gekommen wäre. Der Straßenhund, der sich zwar täglich um sein Überleben sorgen und um seine Ernährung selbstständig kümmern musste, kennt das Leben gar nicht anders. Und aus seiner Sicht tauscht er Freiheit und eigenständiges Handeln gegen Futter im Napf und ein weiches Körbchen. Zumindest im ersten Schritt sicherlich kein ausreichender Grund für ihn, dem Menschen, der ihn aufgenommen hat, dankbar zu sein. Vielleicht kommt der Hund aber auch tatsächlich aus schlechter Haltung oder einer Massenzucht, wurde misshandelt, ist unterernährt oder zeigt unterschiedlichstes Problemverhalten. Er muss nun erst einmal in kleinsten Schritten lernen, dass das Leben anders sein kann. Er muss das Vertrauen in den Menschen wiedererlangen, was oftmals ein langwieriger Prozess ist, der mit vielen Rückschlägen einhergeht. Dankbarkeit beschreibt das Zusammenleben mit solchen Hunden damit wohl eher nicht.

**Wer Hunde wirklich liebt, nimmt sie so, wie sie sind! Mit all ihren Fehlern und Macken, mit all ihren liebenswerten und weniger erfreulichen Eigenschaften, mit denen sie letztlich genauso sind wie wir Menschen: „Individuell und einzigartig!"**

Bei der Anschaffung eines Hundes spielen immer auch Emotionen eine Rolle.

## Wohl überlegt, statt spontan

Niemals darf man vergessen, dass nicht der Hund es war, der sich für das gemeinsame Leben mit dem Menschen entschieden hat. Es ist immer der Mensch, der den Hund auswählt und dazu „zwingt", das Leben mit ihm zu verbringen. Daher ist es unsere Pflicht und Verantwortung, so gut wie möglich für unseren Hund zu sorgen, ihn zu verstehen und seine Bedürfnisse zu erkennen und zu erfüllen. Denn dein Hund kann nicht einfach wieder gehen, er ist dir sein Leben lang „ausgeliefert"! Daher solltest du dir die Anschaffung eines Hundes, auch eines Hundes aus dem Tierschutz, immer gut vorab überlegen. Niemals solltest du einen Hund sofort bei dir aufnehmen. Schau dir den Hund gut an, teste ihn in unterschiedlichen Situationen und überleg dir, ob du ein Leben lang für ihn verantwortlich sein willst, mit allem, was er „an Gepäck" mit sich bringt. Erwarte nichts von ihm, weder Dankbarkeit noch Liebe, sondern nimm ihn so, wie er ist. Nachdem du alle „Für und Wider" gut abgewogen hast, solltest du noch einmal eine Nacht darüber schlafen. Bist du am nächsten Tag immer noch davon überzeugt, dass es genau dieser Hund ist, der zu dir und in dein Leben passt, kannst du den Schritt in eine gemeinsame Zukunft wagen.

Erst wenn du, ohne den Hund vor Augen zu haben, immer noch mit ganzem Herzen, aber auch mit vollem Verstand und mit dem Bewusstsein der Aufgabe, die mit der Aufnahme dieses Hundes auf dich zukommt, „ja" sagst, erst dann solltest du eine endgültige Entscheidung fällen. Spricht also nichts gegen eine Aufnahme des Hundes, darf dieser in sein neues Zuhause einziehen.

Wer sich in einen Hund verliebt, schaltet aber meist das Gehirn aus und ist überzeugt: „Dieser Hund ist doch keine Aufgabe! Er ist ein Traum von einem Hund, ein wirkliches Geschenk!" Doch wer so blauäugig an die Aufnahme eines Hundes geht, wird mit ziemlicher Sicherheit scheitern, denn:

**Jeder Hund ist eine Aufgabe!**

**Hunde sind nicht dankbar. Sie stellen vielmehr Ansprüche, haben Erwartungen und fordern den Menschen, damit das Zusammenleben am Ende für alle harmonisch ist.**

Jeder Hund, und das gilt auch für jeden Hund aus dem Tierschutz, ist ein eigenständiges Lebewesen, mit eigenen Gefühlen, Bedürfnissen und Veranlagungen. Wenn du einen Hund in dein Leben aufnimmst, musst du dich auf ihn einstellen. Du musst lernen, deinen Hund zu lesen und zu verstehen. Das Zusammenleben mit anderen bedeutet auch immer, dass man sich selbst zurücknehmen muss. Man muss Rücksicht auf den anderen nehmen und kann nicht immer nur die eigenen Bedürfnisse in den Vordergrund stellen. Und auch wenn ein Hund noch so gut ausgewählt wurde und im Großen und Ganzen zum eigenen Leben passt, wird es dennoch immer wieder Situationen geben, in denen die individuellen Bedürfnisse der beiden Partner voneinander abweichen! Und das gilt immer, egal, ob du dir einen Welpen beim Züchter kaufst oder aber einen Secondhand-Hund aufnimmst.

Durch konsequentes Training kann jeder Hund gut erzogen werden.

## Einschätzung des Charakters

Es hält sich hartnäckig die Meinung, dass man im Tierschutz nur schwierige Hunde bekommt. Dass das nicht richtig ist, zeigen die vielen Hunde, die jährlich vermittelt werden und sich gut in ihre Familien integrieren.

Doch eines ist unbestritten: Hunde aus zweiter Hand sind häufig erwachsen und damit in ihrem Charakter bereits gefestigt. Sie bringen Vorerfahrungen mit, die nicht wie auf einer Festplatte „einfach wieder gelöscht“ werden können. Vielleicht hat ein Hund bisher bei einer Person gelebt, die überschwängliche Freude und distanzloses Verhalten eines Hundes akzeptiert oder sogar gefördert hat. Durfte der Hund bisher also Menschen anspringen, kann dies im neuen Zuhause absolut unpassend sein. Soll der Hund nämlich z. B. mit ins Büro, werden die Kunden wohl wenig erfreut darüber sein, wenn sie zur Begrüßung erst einmal vom Hund des Mitarbeiters angesprungen werden. Unter Umständen kann das bisher vollkommen unproblematische Verhalten,

das niemanden gestört hat, sogar gefährlich werden. Leben kleine Kinder im Haus, kann solch ungestümes Verhalten des Hundes dazu führen, dass diese umgeworfen werden und sich dabei verletzen.
Obwohl der Hund also weder aggressiv noch ängstlich ist, kann es sein, dass es zu Problemen kommt, einfach nur deshalb, weil bisher andere Regeln und andere Erziehungsgrundsätze für den Hund galten.
Doch Hunde sind anpassungsfähig! Selbst im Alter können sie sich noch auf neue Gegebenheiten einstellen, sich an andere Lebensumstände gewöhnen und anpassen. Wäre dies nicht so, müsste man jeden Hund, der, aus welchem Grund auch immer, nicht mehr in seinem bisherigen Heim bleiben kann, einschläfern.

## Vielfältige Abgabegründe

Die Gründe, warum ein Hund sein Zuhause verliert, sind zahlreich. So kann sich ein Mensch nach der Scheidung vom Partner vielleicht nicht mehr ausreichend um seinen Hund kümmern. Immer wieder suchen Hunde ein Zuhause, weil ihr Mensch gestorben ist, sei es eines natürlichen Todes im Alter oder aufgrund eines Unfalls.
Es kann zu Problemen im Zusammenleben mit Kindern kommen, und sei es nur, weil eines der Kinder irgendwann eine Tierhaarallergie entwickelt. Das Leben verändert sich, sowohl beruflich als auch familiär. Und auch wenn man sich beim Einzug des Hundes noch so fest vorgenommen hatte, diesem bis zum Lebensende ein Zuhause zu bieten, ist dies leider nicht immer möglich.

Graue Schnauzen findet man nicht selten im Tierschutz – sie können eine echte Bereicherung für das Leben sein.

Ganz schön langweilig: Einfach nur herumliegen und nichts tun, während die Menschen Kaffee trinken.

Der Hund ist und bleibt letztendlich immer noch ein Hund, bestimmte Bedürfnisse des Menschen gehen vor. Fürchtet sich ein Kind vor dem Hund oder leidet es gesundheitlich aufgrund der Anwesenheit des Hundes, müssen die Bedürfnisse des Kindes im Vordergrund stehen. Doch auch der Mensch, der seinen Job verliert und sich aufgrund anderer Arbeitszeiten nun einfach nicht mehr um den geliebten Hund kümmern kann, muss zunächst einmal an sich denken. Denn letztlich würde er ohne Job nicht nur sich, sondern auch den Hund nicht ausreichend versorgen können.

Entscheidet sich ein Mensch für die Abgabe seines Hundes, sollte man ihm daher niemals Vorwürfe machen. Den meisten Menschen fällt dieser Schritt sowieso nicht leicht, sie leiden schon genug und müssen selbst erst einmal mit der Trennung klarkommen. Doch mit der Abgabe gibt der bisherige Halter dem Hund die Chance auf ein Leben, das besser zu ihm und zu seinen Bedürfnissen passt!

### Eine Entscheidung fürs Leben!

An dieser Stelle möchte ich noch einmal betonen, dass du dir einen Hund natürlich niemals leichtfertig anschaffen solltest. Du musst die Anschaffung genau planen und alle möglichen Eventualitäten sollten, soweit es eben geht, ausgeschlossen sein. Auch wenn Hunde sich in der Regel gut im neuen Zuhause eingewöhnen können und daher eine Vermittlung von Hunden aus dem Tierschutz überhaupt erst möglich ist, solltest du dir deinen Hund immer nur mit dem Ziel einer lebenslangen Partnerschaft anschaffen! Denn jeder Umzug in eine neue Familie bedeutet für den Hund Stress! Er muss sich neu orientieren, muss sich anpassen, muss neu Vertrauen finden und erst einmal eine Beziehung zu seinen neuen Menschen aufbauen.
Tagtäglich verlieren aus all den genannten Gründen unzählige Hunde ihr Zuhause, hier in Deutschland und erst recht auf der ganzen Welt; zugegeben ist dies nicht gerade schön. Dennoch, solltest du dich gerade mit dem Gedanken beschäftigen, einen Secondhand-Hund bei dir aufzunehmen, bedeutet das für dich, dass du mit Sicherheit unter all diesen Hunden einen finden wirst, der genau zu dir und deinen Bedürfnissen passt.
Genauso wie bei der Auswahl eines Züchters solltest du dir also bei der Auswahl des Secondhand-Hundes Zeit lassen. Habe keine Scheu, nicht gleich den ersten, zweiten, dritten oder vierten Hund zu nehmen. Manchmal musst du dir einige Hunde anschauen, bevor dann der Richtige zu dir findet! So viele Hunde verlieren tagtäglich ihr Zuhause, wenn nur einer von hundert jeweils zu einem Menschen passt, wirst du bei gezielter Suche nach einiger Zeit mehrere gefunden haben, die zu deinen Ansprüchen und Bedürfnissen passen.

Lasse dir bei der Auswahl des zu dir passenden Hundes Zeit.

## Hunde mit Handicap

Ist beim Welpen z. B. noch gar nicht erkennbar, ob dieser später einmal an Hüftgelenksdysplasie oder Epilepsie erkranken wird, sind diese Erkrankungen beim Secondhand-Hund oft bereits eindeutig feststellbar bzw. bekannt. Auch Verhaltensprobleme wie starke Ängstlichkeit oder aggressives Verhalten in bestimmten Situationen bleiben meist nicht verborgen. Nimmst du einen Welpen auf, kannst du daher oftmals noch gar nicht absehen, welche Schwierigkeiten später einmal auf dich zukommen werden. Viele Krankheiten und auch Verhaltensprobleme entwickeln sich jedoch langsam, sodass man sich darauf einstellen kann. Daher fällt es vielen Menschen leichter, mit einer Einschränkung eines Hundes zu leben, wenn sie schon lange Zeit mit diesem zusammenleben.

Doch viele Hunde verlieren auch genau deshalb ihr Zuhause. Denn die Belastung, sei es finanziell, aber auch in Bezug auf den Aufwand, ist nicht für alle Menschen tragbar. Wenn Behandlungen mehrere Tausend Euro kosten, aber kaum genug Geld für die Versorgung der Menschen vorhanden ist, müssen einige Familien die schwere Entscheidung treffen, sich von ihrem kranken Hund zu trennen. Und auch Training und das entsprechende Zubehör kosten meistens viel Geld.

Wer sich in Bezug auf den Umgang mit ängstlichen oder aggressiven Hunden nicht auskennt, muss in der Regel einen Hundetrainer aufsuchen. Ein an Epilepsie erkrankter Hund braucht einen regelmäßigen Tagesablauf und wenig Aufregung. Leben Kinder in der Familie, ist der Umgang mit ängstlichen oder aggressiven Hunden unter Umständen ein schwieriger Balanceakt, denn sowohl Hund als auch Kind sollen ja entspannt und ohne Gefährdung leben können.

Hunde mit Handicap sind eine besondere Aufgabe: Die dreibeinige Mischlingshündin Hope hatte Glück, sie hat ihre Familie bereits gefunden.

An dieser Stelle soll nun nicht der Eindruck entstehen, alle Secondhand-Hunde wären kranke oder gar problematische Hunde. Dennoch gibt es sie, Hunde, die an einer Krankheit leiden, Hunde im Rollstuhl oder mit einer amputierten Gliedmaße, alte Hunde und auch Hunde mit Verhaltensproblemen!
Wer sich für einen Hund mit gesundheitlichen Einschränkungen entscheidet, sollte sich zuvor genau über die jeweilige Erkrankung informieren. Etwaige Kosten müssen abgeschätzt werden, damit sie die Familie im Nachhinein nicht überlasten. Mögliche Behandlungen müssen durchführbar sein, sowohl während der Therapie als auch in der Nachsorge, denn nicht selten stehen nach Operationen mehrfach Besuche beim Physiotherapeuten an. Auch die örtlichen Gegebenheiten müssen zum Hund und dessen Handicap passen. Wer in einem Haus mit vielen Treppen wohnt, wird einem Hund mit einem amputierten Vorderbein kein sicheres Zuhause bieten können. Wer viel sportlich unterwegs ist, wird mit einem alten Hund, der gerade einmal noch eine halbe Stunde gemächlichen Spaziergang schafft, nicht glücklich werden.

## Tierkranken- oder OP-Kosten-Versicherung

Heutzutage ist es sinnvoll, direkt bei Übernahme des Welpen eine gute Tierkrankenversicherung oder zumindest eine OP-Kosten-Versicherung abzuschließen, die für die inzwischen sehr hohen Kosten, die bei der medizinischen Versorgung des Hundes bzw. bei Operationen entstehen, aufkommt. Übernimmst du einen Hund aus dem Tierschutz, bei dem Erkrankungen oder gesundheitliche Probleme bereits bekannt sind, werden Folgekosten aufgrund dieser Erkrankungen oder Einschränkungen in aller Regel ausgeschlossen. Du musst dir also bei der Aufnahme eines solchen Hundes darüber im Klaren sein, dass das Zusammenleben unter Umständen eine hohe finanzielle Belastung für dich bedeutet. Dies gilt auch für ältere Hunde, denn viele Versicherungen nehmen Hunde ab einem Alter von acht Jahren nicht mehr in die Versicherung auf.

## ☞ Kosten Hundehaltung

| EINMALIGE KOSTEN | |
|---|---|
| Kaufpreis Hund: | ca. 500 € |
| Halsband, Geschirr und Leine: | ca. 60 € |
| Diverses Spielzeug: | ca. 50 € |
| Bürste, Zeckenzange etc.: | ca. 20 € |
| Liegeplätze: | ca. 100 € |
| Box (für den Hund bzw. das Auto): | ca. 200 € |
| Trainingsutensilien: | ca. 100 € |
| Hundeschule (10 Einzeltrainings): | ca. 700 € |
| **Gesamtkosten Anschaffung:** | **ca. 1730 €** |

| JÄHRLICHE KOSTEN | |
|---|---|
| Haftpflichtversicherung/Jahr: | ca. 60 € |
| Steuer/Jahr: | ca. 60 € |
| Tierarzt/Jahr (Impfen/Entwurmen): | ca. 100 € |
| OP-Kostenversicherung/Monat: | ca. 40 € |
| Futter (bei einem mittelgroßen Hund)/Monat: | ca. 50 € |
| **Gesamtkosten/Jahr:** | **ca. 1300 €** |
| **Gesamtkosten in 12 Jahren (durchschnittliche Lebensdauer eines Hundes):** | **ca. 17 330 €** |

Diese Summe solltest du bei der Überlegung, dir einen Hund anzuschaffen, genau vor Augen haben. Fast 18 000 €, dafür könntest du dir bereits ein gutes Auto kaufen oder aber mehrere tolle Urlaubsreisen buchen. Und das sind nur die minimalen Kosten!

Hunde aus dem Ausland sind oft unsicher im Umgang mit Menschen, insbesondere mit Männern.

Doch auch die Aufnahme eines Hundes mit Verhaltensproblemen bedeutet meist Einschränkungen im Alltag der Menschen. Ein ängstlicher Hund wird kaum begeistert davon sein, den Studenten an die Uni zu begleiten. Soll der Hund dem Halter zu mehr Kontakt verhelfen, ist ein Hund mit Aggression gegenüber Menschen oder Artgenossen wohl kaum die richtige Wahl.
Doch niemand MUSS einen beeinträchtigten Hund aus dem Tierschutz aufnehmen. Es kommt nicht darauf an, den am schlimmsten leidenden Hund zu retten, sondern den Hund zu finden, der genau zu diesem einen Menschen, zu dieser bestimmten Familie passt. Die Aufnahme eines Secondhand-Hundes soll dazu führen, dass beide Parteien von der Aufnahme des Hundes profitieren, denn nur so kann es letztendlich zu einem harmonischen Miteinander und zu einer vertrauensvollen Beziehung mit gegenseitigem Respekt kommen.

## Der „schöne" Hund

„Ein guter Hund hat keine Farbe!" Wer gerade auf der Suche nach einem Welpen ist, wird von einem Züchter vielleicht schon einmal diesen Satz gehört haben, insbesondere dann, wenn die Hunde dieser Rasse unterschiedliche Fellfarben haben können. Doch ist an diesem Satz etwas dran? Natürlich sollten die Farbe bzw. das gesamte Aussehen des Hundes nicht das einzige und allein entscheidende Kriterium für die Wahl sein. Viel wichtiger als das Aussehen sind zunächst die Charakterzüge, die Eigenschaften eines Hundes. Wen jedoch Jagdhunde optisch eher ansprechen als Hütehunde oder umgekehrt, der kann sich natürlich aktiv auf die Suche nach seinem „Traumhund" machen, immer vorausgesetzt, er mag auch das dazugehörende Verhalten, den Charakter dieser Hunde. Da es aktuell, man muss ja sagen

## Vorsicht vor Fotos im Internet

Eine Auswahl rein in Bezug auf das Aussehen sollte nicht erfolgen. Gefällt dir also ein im Internet angebotener Hund besonders gut und spricht dich an, solltest du ihn dir immer auch persönlich anschauen. Allein aufgrund eines Bildes kann man keine Aussage über das Verhalten und den Charakter des Hundes machen und einschätzen, ob er zu dir und deinem Leben passt. Nicht selten entpuppt sich der retrieverartige und auf der Homepage als „Labrador-Mix" angepriesene Hund dann als Herdenschutzhund-Mischling und damit als Rasse, die gegensätzlicher zum Retriever nicht sein könnte. Dieser Hund wird kaum daran interessiert sein, mit seinem Menschen zusammenzuarbeiten. Er wird eigenständig handeln, seine Interessen mit Nachdruck verfolgen, ein starkes territoriales Verhalten entwickeln, das sowohl Besuch als auch Kindergeburtstage erschwert bis unmöglich macht.

leider, so vielzählige Hunde in den Tierheimen und bei Tierschutzorganisationen gibt, die ein neues Zuhause suchen, wird jeder, wenn er nur intensiv sucht, genau den Hund finden, der zu ihm passt, und der ihm auch optisch gut gefällt. Und letztlich ist es eh so, dass nach einiger Zeit des Zusammenlebens, spätestens dann, wenn eine gute Bindung zwischen Mensch und Hund besteht, in aller Regel der eigene Hund immer der schönste ist, auch wenn er objektiv betrachtet vielleicht wirklich nicht als „schön" bezeichnet werden kann. Schönheit liegt eben immer auch im Auge des Betrachters. Wenn dir daher bei der Suche nach einem neuen Familienmitglied ein Hund besonders auffällt, er dich anzieht, dich sein Aussehen anspricht, dann spricht nichts dagegen, dass du ihn dir näher anschaust, um zu prüfen, ob er auch vom Wesen und Charakter her zu dir und deinem Leben passt.

Der 10 Monate alte Balu wurde als Labrador-Mischling vermittelt, ist jedoch ein Herdenschutzhund-Mix.

Langhaarige Hunde müssen täglich gebürstet werden. Zudem dauert es länger, bis sie nach dem Regenspaziergang wieder trocken sind.

## Genetische Rassebestimmung

Viele Halter von Mischlingen möchten gern wissen, welche Rassen in ihrem Mix mitgewirkt haben. Mittlerweile gibt es einige Anbieter auf dem Markt, die anhand einer Blutprobe eine Rassebestimmung anbieten. Aber Vorsicht, die Bestimmung kann immer nur anhand der Rassen erfolgen, die der Anbieter bereits in seinem Bestand hat. Hat dein Mischling also Vorfahren einer eher seltenen Rasse, wird ein Großteil der Gene als „unbestimmt" dargestellt werden. Schaut man sich die Auswertungen einiger Mischlinge an, ist es schon erstaunlich und manchmal unvorstellbar, welche Rassen sich dort vereinen. Sicherlich kann es gerade im beschriebenen Fall helfen, das untypische Verhalten des Retriever-Mixes zu erklären, doch wirklich weiter hilft es im Training dann letztlich natürlich nicht. Ein Training muss immer individuell aufgebaut sein und sich am jeweiligen Hund und dessen Verhalten orientieren, egal, welcher Rasse auch immer er angehört.

## Vielfalt in Aussehen und Charakter

Viele Punkte, die das Aussehen betreffen, haben weiterführende Konsequenzen für den Alltag, die es zu bedenken gilt. Der langhaarige Hund muss täglich gebürstet werden, sein Fell braucht intensivere Pflege als der kurzhaarige Hund, den man nach dem Spaziergang bei nasskaltem Wetter einfach nur mal kurz mit dem Handtuch abreibt. Hunde mit Bart sind um die Schnauze herum ständig nass, denn im Bart sammelt sich nicht nur das Wasser vom Trinken oder wenn der Hund hechelt, auch Futterreste kleben gern einmal noch nach der Mahlzeit in den Barthaaren.

## Charakter und Größe

Je nach Rasse unterscheidet sich das Verhalten im Haus und auf dem Spaziergang. Jagdhunde sind draußen oft gern weit unterwegs, Hütehunde dagegen zeigen das territoriale Verhalten nicht selten auch im Haus, indem sie jeden Besucher lautstark ankündigen.
Wer sich gern aktiv in der Natur bewegt, wird mit dem Couch-Potato nicht glücklich werden. Doch auch der sportliche Hund wird mit dem gemütlich durch den Park schlendernden Menschen nicht zufrieden sein. Du solltest dir daher vorher gut überlegen, welche Aktivitäten du mit deinem Hund ausführen möchtest und welche Voraussetzungen er dafür mitbringen soll – oder eben besser auch nicht!
Die Größe des Hundes kann eine große Rolle bei der Entscheidung für oder gegen einen Hund spielen. Große Hunde brauchen nicht nur mehr Platz, sowohl zu Hause für das Körbchen bzw. den Liegeplatz des Hundes als auch im Auto, im Restaurant etc. Sie sind auch kräftiger, man muss ihr Gewicht also im Notfall halten können, denn selbst gut erzogene Hunde können einmal in die Leine springen, wenn sie sich erschrecken. Kleine Hunde kann man einfach die Treppe hinauftragen, bei großen Hunden können viele Treppen im Haus bei Erkrankung oder im Alter zum unüberwindlichen Problem werden.

## Rüde oder Hündin?

Über die Frage, ob man besser einen Rüden oder eine Hündin aufnehmen soll, streiten sich ganze Generationen. Letztendlich gibt es auch hier keine generelle Empfehlung. Es kommt wieder einmal darauf an, welche individuellen Bedingungen in der Familie bestehen. Bei der Hündin stellt sich die Frage nach der Läufigkeit.

Bei Hunden mit Bart ist dieser nach dem Fressen oft noch nass und nicht selten kleben Futterreste darin.

Ist man bereit, mit den Einschränkungen in dieser Zeit zu leben, die Hündin an der Leine zu halten und eventuelle Blutflecken auf dem Boden einfach wegzuwischen? Oftmals spielt auch die Frage nach der Größe eine Rolle, denn insbesondere bei den mittleren bis großen Hunden sind Rüden deutlich größer, schwerer und kräftiger. Leben bereits Hunde in der Familie, kann das bisherige Geschlecht ausschlaggebend für die Entscheidung hierüber beim Zweithund sein. Ein Rüde, der mit anderen Rüden Probleme hat, wird mit einer Hündin vielleicht entspannt zusammenleben können. Ist die bereits im Haus lebende Hündin unkastriert, kann das Zusammenleben mit dem ebenfalls nicht kastrierten Rüden sehr anstrengend werden.

Zwei Hunde, die sich gut verstehen:

Diese Junghunde sind beim Spiel kaum zu stoppen.

Wird es zu wild, sollte man das Spiel unterbrechen.

## Vergesellschaftung mit einem Secondhand-Hund

Die meisten Hunde leben gern mit Artgenossen zusammen. Doch auch unter Hunden gibt es Sympathie und Antipathie. Grundsätzlich gilt daher, dass ein zweiter, in der Familie lebender Hund so ausgewählt werden muss, dass er nicht nur zur Familie, sondern auch zum bereits vorhandenen Hund passt, damit das Zusammenleben möglichst unproblematisch abläuft. Ob es Probleme gibt, hängt dabei nicht vom Geschlecht der Hunde ab. Zwar kann es zwischen zwei Rüden immer wieder kleinere Konkurrenzstreitigkeiten geben, dennoch steht einem harmonischen Zusammenleben, wenn der Mensch das Leben lenkt, nichts im Weg. Bei Hündinnen ist Vorsicht geboten, denn nicht jede Hündin akzeptiert fremde Welpen. Es kann daher passieren, dass die Hündin den Welpen schwer verletzt oder sogar tötet. Die meisten Hündinnen sind zum Glück jedoch gut sozialisiert und akzeptieren fremde Welpen, sodass auch ein fremder Welpe bzw. ein junger Hund und eine erwachsene Hündin zu

Die zweijährige Cassie und der einjährige Watson haben sich gesucht und gefunden, sie sind ein ideales Team.

einem guten Team zusammenwachsen können. Hält man ein Hundepärchen, ist dies meist unproblematisch, du musst dir aber Gedanken darüber machen, wie du unerwünschten Nachwuchs verhindern kannst.

Ein zweiter Hund löst zu keinem Zeitpunkt Probleme. Auf gar keinen Fall solltest du dir einen zweiten Hund anschaffen, wenn du mit dem ersten unzufrieden bist, weil er z. B. jagen geht, Hunde an der Leine anbellt, Menschen attackiert oder Ähnliches, denn ein zweiter Hund ändert daran gar nichts. Der zweite Hund wird sich eher am ersten Hund orientieren und das unerwünschte Verhalten gegebenenfalls übernehmen.

## Der richtige Zeitpunkt

Im Alter von drei bis vier Jahren sollten alle Probleme im Großen und Ganzen gelöst sein, oder du solltest zumindest damit leben können! Zieht nun ein junger Hund ein, sind die beiden Hunde in einer völlig anderen Lebensphase und haben unterschiedliche Interessen. Damit besteht weniger Gefahr, dass die Hunde wie beim Jagen z. B. gemeinsam einer unerwünschten Beschäftigung nachgehen. Es treten aber auch weniger Konflikte in Bezug auf gleiche Interessen auf, wie z. B. bei der Verteidigung von Beute. Insbesondere dann, wenn es sich um Hunde gleicher Rassen oder Rassegruppen handelt, ist ein entsprechender Altersunterschied der Hunde daher empfehlenswert.

## Passung vorab testen

Ob die beiden Hunde sich verstehen werden, solltest du zuvor – nach einer Einschätzung beider Hunde durch einen professionellen Hundetrainer – am besten noch im Tierheim testen. Auf einer Freilaufwiese werden beide Hunde zusammengeführt und beobachtet. Beginnen sie, miteinander Kontakt aufzunehmen und eventuell sogar zu spielen, brauchst du dir vermutlich keine weiteren Gedanken machen. Dies gilt auch dann, wenn sich eine anfangs angespannte Situation auflöst. In diesem Fall solltest du aber bei der weiteren Zusammenführung in engeren Räumen bzw. im „eigenen" Territorium eines der Hunde vorsichtig sein. Lasse genügend Rückzugsmöglichkeiten. Räume mögliche Streitpunkte wie Futter, Kauknochen oder Spielzeug weg, sodass sie nicht frei verfügbar sind.

Der Weg zum

# Secondhand Hund

# Woher bekomme ich einen Hund?

Die Entscheidung für einen Hund aus dem Tierschutz muss mit Bedacht getroffen werden. Hier darf Mitleid nicht im Vordergrund stehen.

Auch wenn gerade bei diesen Hunden sehr häufig der erste Impuls ist: „Diesem armen Hund muss ich helfen, er soll nicht einen Tag länger hier – im Tierheim, der Auffangstation der Tierschutzorganisation, der Pflegestelle – leben, sondern ein gutes Zuhause, eine eigene Familie haben!", muss man gerade dann „vernünftig" bleiben. Denn ein Hund muss wirklich zur Familie und dem jeweiligen Leben passen. Dem Hund ist nicht geholfen, wenn er nach kurzer Zeit wieder zurück muss, weil es doch nicht gepasst hat. Garantieren kann dies natürlich niemand, doch sollte man die Entscheidung zur Aufnahme eines Hundes immer sehr sorgfältig treffen. Auch wenn sich ein Hund im Tierheim erneut einleben wird und meist auch ein weiteres Mal vermittelt werden kann, sollte das Ziel doch sein, dass er ein Zuhause findet, in dem er bis an sein Lebensende bleibt.

## Hunde auf Bestellung

Mittlerweile sollte dies jedem klar sein: Einen Hund kann man nicht „auf Bestellung" kaufen. Hunde sind keine Verkaufsobjekte, die man aus einem Katalog auswählt und dann per Knopfdruck bestellt. Daher solltest du die Finger von Tierschutzorganisationen lassen, die einen Hund ausschließlich via Internet vermitteln wollen. Hunde werden hier auf der Webseite präsentiert, oft mit Fotos, die großes Mitleid beim Betrachter hervorrufen. Hunde hinter Gittern, in Käfigen, ohne Decken und Spielzeug, oftmals abgemagert und mit großen Augen in die Kamera blickend. Wer möchte da nicht direkt helfen? Die Beschreibung der Hunde hört sich oft auch ähnlich an: „Senta, von allen allein gelassen, freut sich über jedes gute Wort und möchte endlich ihre eigene Familie haben. Sie ist ein freundlicher Hund, der für jede Aufmerksamkeit dankbar ist." Eine wirkliche Charakterbeschreibung ist das nicht.

Wer sich für einen der „Unvermittelbaren" aus dem Projekt von Martin Rütter interessiert, muss sich vorab genau informieren.

Wenn Martin Rütter einen Hund einschätzt, schaut er ihn sich zunächst im Freilauf an. Hier beobachtet er den unsicheren Rüden Asmo.

### Kein Kennenlernen vor der Adoption

Problematisch ist hierbei, dass du keine Möglichkeit hast, zu überprüfen, inwieweit eine Beschreibung mit dem tatsächlichen Wesen des Hundes zusammenpasst, denn die Hunde befinden sich häufig noch im Ausland und werden erst eingeflogen, wenn sie „bestellt" werden. Natürlich kann es auch gut gehen, und der Hund ist wirklich wie beschrieben eine Seele von Hund und wird der Augenstern deiner Familie. Doch was ist, wenn es nicht so läuft? Was machst du, wenn der Hund einen vollkommen anderen Charakter hat und überhaupt nicht zu deiner Familie und dem Leben, das ihr führt, passt? Die Einschränkungen mit einem ängstlichen oder aggressiven Hund können gravierend sein. Und wenn du dann noch dein Familienleben um die Problematik deines neuen Hundes herumbasteln musst, stößt du unter Umständen sehr schnell an deine Grenzen.

Letztendlich bedeutet es irgendwann, dass der Hund weg muss. Diese Trennung ist meist für alle ein großes Drama. Für eventuell vorhandene Kinder, die nicht verstehen, dass man den zwar schwierigen, aber doch inzwischen lieb gewonnenen Hund einfach so weggibt, da er doch längst ein Familienmitglied geworden ist. Und erst recht natürlich für den Hund. Zurück in sein Land kann er nicht und so landet er in aller Regel im Tierheim.

## Hunde von Bekannten

Die meisten Menschen trennen sich nur schwer und ungern von ihrem Hund und möchten daher genau wissen, wo dieser hinkommt und wie es ihm dort ergeht, wenn eine Abgabe unumgänglich ist. Daher liegt es nahe, zunächst einmal im Bekanntenkreis nachzufragen, ob jemand die Möglichkeit hat, den Hund aufzunehmen. Erst wenn sich hier niemand findet, wird der Hund schweren Herzens im Tierheim abgegeben oder einer Tierschutzorganisation übereignet.

Gerade dann, wenn Hunde aufgrund der Erkrankung eines Menschen, aufgrund von Scheidung oder beruflicher Veränderung abgegeben werden, kommen diese nur selten ins Tierheim. Für einen erwachsenen, gesunden, unproblematischen Hund findet sich meist recht schnell ein neues Zuhause, zumal der Hund in der Regel auch nicht sofort, also von heute auf morgen abgegeben werden muss, sondern etwas Zeit für die Suche nach einem neuen Platz vorhanden ist.

Suchst du also einen Secondhand-Hund, kannst du dich zunächst einmal in deinem Bekanntenkreis umhören. Auch wenn niemand seinen Hund abgeben muss, hat einer vielleicht von einem Hund gehört, der ein neues Zuhause sucht. Vielleicht kennst du den Hund auch schon, weißt über seine Eigenschaften, sowohl die liebenswerten als auch seine Macken, Bescheid! Vielleicht hattest du ihn sogar für einige Zeit in Pflege, sei es, weil seine Familie früher einmal eine Urlaubsbetreuung suchte oder aber der Halter des Hundes aufgrund einer Erkrankung auf Hilfe bei der Betreuung seines Hundes angewiesen war. In diesem Fall fällt die Entscheidung, den Hund ganz zu übernehmen, meist nicht schwer, denn du weißt ja bereits, ob das Zusammenleben mit diesem Hund klappen wird.

### Vertragliche Absicherung

Genauso, wie die Vermittlung eines Secondhand-Hundes über eine Tierschutzorganisation vertraglich abgesichert wird, solltest du dies auch bei der Übernahme eines Hundes von Bekannten machen. In einem solchen Vertrag muss klar definiert werden, dass die Rechte am Eigentum des Hundes mit der Übernahme vollständig an dich als neuen Halter übergehen. Bei der Erstellung eines solchen Vertrages solltest du dich von einem Anwalt beraten lassen. Auch wenn sich die meisten Menschen zum Zeitpunkt der Übernahme des Hundes nicht vorstellen können, dass eine solche Maßnahme überhaupt notwendig wird, sollte absolute Klarheit über die Eigentumsverhältnisse bestehen. Denn manchmal wendet sich nach einiger Zeit doch wieder alles „zum Guten“: Gründe, die zur Abgabe des Hundes geführt haben, bestehen nicht mehr. Besteht dann keine rechtliche Klarheit darüber, wem der Hund gehört, kann es sein, dass der frühere Eigentümer die Herausgabe des Hundes vom neuen Halter fordert. Ohne schriftlichen Nachweis, dass der Hund in das Eigentum des neuen Halters übergegangen ist, kann dies u. U. dazu führen, dass der Hund zurückgegeben werden muss.

Lerne deinen neuen Hund vorab kennen. Im Idealfall kannst du ihn in seinem alten Zuhause besuchen und dort erleben.

# Luna – Abgabe wegen Familienzuwachs

**Stephanie Cramer – Martin Rütter Hundeschule Recklinghausen/Herten**

Luna ist eine vierjährige Australian Shepherd-Mischlingshündin mit sehr vielen Gesichtern. Das Erste, was jedem an Luna auffällt, ist ihre große Angst, die sich allerdings mittlerweile nur noch als Unsicherheit zeigt.

Ich lernte Luna Ende 2018 kennen. Damals war sie ca. acht Monate alt und sie war eine kleine Katastrophe. Sie konnte nicht allein bleiben, sie war nicht vollständig stubenrein, sie hatte die stärkste Leinenaggression, die ich bis dahin gesehen hatte und das Schlimmste: Sie hatte panische Angst vor Menschen sowie vor den meisten Umweltgeräuschen. Im Januar 2019 nahm ich sie eine Woche in Pflege, da ihre damalige Familie ein Kind bekam. Leider entschied sich die Familie kurz darauf, Luna abzugeben. Da sich meine Hündin in der Woche, in der Luna bei uns war, außergewöhnlich gut mit ihr verstand, war für mich klar, dass sie zu uns kommt. Also zog Luna im März 2019 bei uns ein. Luna lehrte mich schnell, dass ich mit ihr nicht „mal eben so“ ein paar Trainingserfolge erzielen konnte, und dass eine Lernkurve alles andere als linear sein kann. Vor allem stellte ich anfangs ziemlich schnell fest, dass auch ein nur 13 kg schwerer Hund bei voller Zugkraft in der Lage war, mich von den Füßen zu holen. Die Herausforderungen waren also zahlreich. Ich befolgte daher einen wichtigen Tipp, den ich auch meinen Kunden immer gebe: Wenn du viele Baustellen hast, dann suche dir die zwei bis drei wichtigsten heraus und fange mit diesen an. Gesagt, getan! Also starteten wir mit den Themen Stubenreinheit, Alleinbleiben und der Angst vor den Menschen, mit denen Luna ab sofort zusammenleben musste. Auch wenn der Weg steinig war, konnten wir immer wieder Erfolge verbuchen. Doch mit jedem kleinen Erfolg wurde eine neue Baustelle sichtbar, die bis dahin von ihrer Angst überdeckt wurde. Einer unserer größeren Erfolge war, als sie sich nach fast einem Jahr im Haus meiner Eltern ohne mich als Anker frei bewegte.

Stephanie und Luna sind heute ein tolles Team. Luna vertraut Stephanie vollkommen und kann so jede schwierige Situation bewältigen.

Luna fasziniert aufgrund ihrer unterschiedlichen Augen. Doch allein das sollte kein Grund für die Auswahl sein.

Aber es soll nicht der Eindruck entstehen, dass das Leben mit Luna nur anstrengend ist. Luna ist ein sehr aktiver Hund, mit dem man viel Spaß haben kann. Ihre größte Leidenschaft ist Rennen! Daher hatte ich die Idee, mit ihr zu einem „Jeder-Hund-Rennen" auf eine Rennbahn zu gehen. „Wow, ist dieser Hund schnell!" Sie konnte ohne Probleme mit den Windhunden vor Ort mithalten. Leidenschaft Nummer zwei ist das Apportieren, was ich mehrfach die Woche mit ihr mache. Am Anfang war das gar nicht so leicht, da die Umwelt entweder zu gruselig oder zu spannend, oder aber gespickt mit Hasen oder Vögeln war. Doch durch ein stetes Training macht sie heute in jeder Umgebung begeistert mit und ist sogar von der Reizangel abrufbar. Seitdem haben wir auch ihr unerwünschtes Jagdverhalten unter Kontrolle.

Am allerschönsten war für mich, zu beobachten, wie sie in den letzten 1,5 Jahren immer zutraulicher zu Menschen wurde. Ich kann mich noch gut an den Moment erinnern, als sie das erste Mal vorsichtig an einem Menschen hochsprang, um in dessen Leckerlibeutel zu gucken. Natürlich sollte ein Hund Menschen eigentlich nicht anspringen, doch bei ihr habe ich es in diesem Moment zugelassen. Inzwischen kann Luna bei Menschen, die sie sehr gut kennt, ein sehr anhänglicher und schon fast erdrückend zutraulicher Hund sein.

Es war wirklich viel Arbeit, ihr Vertrauen in Menschen wieder aufzubauen. Es ist wie mit den meisten Dingen im Leben, einem selbst ist eine Entwicklung, die über einen längeren Zeitraum geht, nicht immer so präsent. Als mir letztens eine Freundin sagte, Luna sei wie eine Blume, die sich langsam öffnet, war ich überglücklich über dieses Kompliment.

Wir haben schon viel mit Luna geschafft, aber mindestens genauso viel liegt noch vor uns. Trotzdem bereue ich die Entscheidung nicht, sie übernommen zu haben. Jeden Tag wachsen wir als Team ein Stück mehr zusammen und jeden Tag erkenne ich mehr Kleinigkeiten an ihr, die einfach nur liebenswert sind.

Sarah Leidenheimer ist nicht nur als Trainerin in ihrer Hundeschule aktiv. Sie trainiert auch mit vielen Hunden aus dem Bonner Tierheim, damit diese leichter ein neues Zuhause finden.

## Hunde aus dem Tierheim

Wenn du einem Secondhand-Hund ein neues Zuhause geben möchtest und im Bekanntenkreis nicht fündig wirst, solltest du in jedem Fall die Tierheime in der näheren, aber auch der weiteren Umgebung aufsuchen. Denn auch im Tierheim sitzen viele unproblematische Hunde! Verliert ein Hund sein Zuhause, weil der Halter stirbt, können Angehörige den Hund nicht immer aufnehmen. Und nicht jeder Hund hat das Glück, im Bekanntenkreis vermittelt zu werden. Findet sich niemand, steht jedoch irgendwann der Umzug, Auszug oder der Antritt der neuen Arbeitsstelle an. Kann der Hund nun nicht mehr ausreichend betreut werden, muss er ins Tierheim. Natürlich gibt es auch Menschen, denen die Verantwortung für einen Hund einfach zu groß wird, die sich überfordert fühlen. Wer noch nie einen Hund hatte, kann die Aufgaben und die Belastung, die die Haltung eines Hundes mit sich bringt, nicht unbedingt im Vorfeld abschätzen. Ein Hund schränkt in der Wahl des Urlaubsortes ein, lange Ausflüge wie z. B. in einen Freizeitpark sind, ohne dass sich zu Hause jemand um den Hund kümmert, nicht möglich. Und wird es einmal stressig, weil die Kinder zum Turnier gebracht werden müssen, der Heizungsmonteur kommt und nebenbei noch die alltägliche Hausarbeit erledigt werden muss, will auch der Hund noch ausgeführt, gebürstet und gefüttert werden. Gerade beim turbulenten Alltag einer Familie ist es oftmals nicht so einfach, die Bedürfnisse aller Familienmitglieder unter einen Hut zu bekommen. Und so wird der Hund letztlich im Tierheim abgegeben, nicht weil er problematisch ist, sondern einfach nur, weil er nicht zum Alltag der Familie passt.

## Aufwand nicht scheuen!

Bei der Suche nach deinem neuen Hund solltest du nicht nur beim örtlichen Tierheim vorbeifahren. In der heutigen Zeit besitzt so gut wie jedes Tierheim eine Webseite, auf der die zu vermittelnden Tiere vorgestellt werden. Die meisten Menschen haben zudem ein Auto zur Verfügung, sodass es kein Problem darstellt, Tierheime im Umkreis von 200–300 km in Betracht zu ziehen. Denn du musst ja lediglich ein- bis zweimal zum Tierheim fahren, um den Hund anzuschauen und einzuschätzen. Viele Menschen fahren mehrere Hundert Kilometer, um sich ein Auto zu kaufen. Da sollte es doch möglich sein, für die Auswahl eines Hundes ähnliche Mühen auf sich zu nehmen!
In der Regel findest du im Tierheim Mischlinge in jeder Größe und Farbe, langhaarig oder kurzhaarig, alt oder jung. Aber auch Rassehunde sitzen im Tierheim, in der Regel sind dann jedoch keine Papiere vorhanden, da sie meist aus einer unseriösen Zucht stammen. Seriöse Züchter fühlen sich ein Leben lang für die von ihnen gezüchteten Hunde verantwortlich und nehmen Hunde, die nicht mehr in der Familie bleiben können, entweder zurück oder kümmern sich aktiv um eine Vermittlung, sodass diese Hunde nur sehr selten ins Tierheim kommen. Sollte dies jedoch geschehen, weil der Züchter z. B. verstorben ist oder aber von der

Auch Rassehunde, wie der Labrador Retriever Mo aus dem Tierheim Bonn, suchen ein neues Zuhause.

Familie nicht in Kenntnis gesetzt wurde, werden eventuell vorhandene Papiere meist vom Tierheim nicht ausgehändigt, da eine weitere Zucht mit diesen Hunden damit verhindern werden soll. Viele Tierheime arbeiten mittlerweile auch mit Tierheimen aus dem Ausland zusammen. In diesem Fall solltest du dich genau erkundigen, mit welchem Tierheim eine Partnerschaft besteht und wie das Partner-Tierheim die Hunde, die nach Deutschland vermittelt werden, auswählt. Genauso wie bei Tierschutzorganisationen aus dem Ausland (siehe S. 73 ff.) musst du dich von der Seriosität des Partner-Tierheims überzeugen!

Große Hunde passen auch in eine kleine Wohnung, wenn sie ausreichend Auslauf bekommen.

## Viele Fragen für eine gute Vermittlung

Der Mitarbeiter aus dem Tierheim wird dir viele Fragen stellen, bevor er dir einen Hund anvertraut. Das Tierheim möchte in der Regel wissen, wo und wie du wohnst. Im Falle einer Mietwohnung wirst du die Erlaubnis zur Haltung eines Hundes vom Vermieter vorlegen müssen. Zudem musst du Auskunft darüber geben, wie deine berufliche und finanzielle Situation aussieht. Bist du in der Lage, den von dir ausgewählten Hund gut zu versorgen, auch wenn einmal hohe Kosten durch medizinische Behandlungen anfallen? Wie lange muss dein Hund allein bleiben? Mehr als sechs Stunden täglich sollte er nicht allein sein. Eine Vollzeitstelle wird sich daher nur dann mit der Aufnahme eines Hundes kombinieren lassen, wenn du ihn mit zur Arbeit nehmen kannst. Am besten, du lässt dir das von deinem Arbeitgeber schriftlich bestätigen und legst das Schreiben dem Mitarbeiter vor! Mit diesen Auskünften möchte sich das Tierheim absichern, dass der Hund es wirklich gut bei dir hat. Zudem soll damit verhindert werden, dass er ins Tierheim zurück muss, weil z. B. Vermieter oder Arbeitgeber nicht einverstanden sind.

## Übertriebene Forderungen

Viele Tierheime haben allerdings leider immer noch oft Ansprüche an Interessenten, die einen Hund aufnehmen wollen, die nach meiner Ansicht übertrieben sind. So vermitteln einige Tierheime Hunde immer noch nur dann, wenn die Menschen Haus und Garten besitzen. Natürlich ist ein Garten schön, doch damit ein Hund ausreichend beschäftigt und ausgelastet ist, muss der Mensch mit ihm spazieren gehen und ihm ein auf seine Bedürfnisse abgestimmtes Training bieten. Ein Garten spielt dabei in der Regel keine Rolle. Auch alleinstehende Menschen bekommen häufig keinen Hund aus dem Tierheim, da die Mitarbeiter eine erneute Abgabe befürchten, wenn sich die Lebensumstände des Singles ändern. Dabei haben alleinstehende Menschen die Aufnahme eines Hundes oft viel intensiver bedacht als Familien oder Paare und alle möglichen Eventualitäten berücksichtigt bzw. im Vorhinein geklärt, wie z. B. die Unterbringung des Hundes im Falle eines

Krankenhausaufenthaltes. Und leider passiert es heutzutage ja auch nicht selten, dass ein Paar sich nach vielen Jahren des Zusammenlebens trennt oder dass es eine Scheidung in der Familie gibt. Wohin dann mit dem Hund? Hierüber machen sich die wenigsten Paare Gedanken, denn natürlich geht man nicht davon aus, dass die heile Familienwelt irgendwann zerbricht. Doch müssen nach einer Trennung beide Partner wieder Vollzeit arbeiten, ist für den Hund auf einmal keine Zeit. Daher sollte bei der Vermittlung eines Hundes weniger der Familienstand als vielmehr die Vorsorge für Notfälle vom Tierheim geprüft werden.

### Charaktertypen

Genauso wichtig wie die Klärung der allgemeinen Lebensumstände ist jedoch, ob der ausgewählte Hund vom Charakter her zu dir passt! Daher solltest du dir vor einer endgültigen Entscheidung ausreichend Zeit nehmen, den Hund in den unterschiedlichsten Situationen zu testen! Bist du dir nicht sicher, ob du den Hund richtig einschätzen kannst, ziehe einen professionellen Hundetrainer hinzu. Dieser wird den Hund testen, in aller Regel kannst du hierbei zuschauen und so auch selbst bereits ein erstes Gefühl für den Hund in den jeweiligen Situationen bekommen.

Ein professioneller Hundetrainer wie Martin Rütter kann deinen ausgewählten Hund einschätzen, um zu prüfen, ob er zu dir passt.

Der zwei Jahre alte Schäferhundrüde Chaska kam schon im Alter von 14 Monaten ins Tierheim.

# Chaska – Abgabe aus Überforderung

**Sarah Leidenheimer, Martin Rütter Hundeschule Bonn**

Chaska kam im Dezember 2021 mit gerade einmal 14 Monaten ins Bonner Tierheim. Ich fragte mich damals schon, wie schlimm sich ein Hund verhalten muss, um so jung schon abgegeben zu werden. Zumal die Familie Chaska als Welpe vom Züchter bei sich aufgenommen hatte. Was musste passiert sein, dass er nach gerade einmal 12 Monaten nun ins Tierheim gebracht wurde? Es hieß, dass die Familie überfordert gewesen sei, und dass der Züchter seinen Schützling auch nicht mehr zurücknehmen wollte. Ich fragte mich, welches Verhalten von Chaska zur Überforderung der Familie geführt hatte, und so lernten Chaska und ich uns kennen.

Ich erinnere mich noch genau, wie es war, als ich das erste Mal seinen Auslauf betreten habe. Er war sehr hektisch und sprang an mir hoch, ließ wieder von mir ab, rannte ein paar Kreise um mich herum, kam dann direkt zu mir gerannt und sprang wieder hoch. In keinster Weise aggressiv, sondern einfach nur unglaublich distanzlos. Ich brachte ihn immer und immer wieder ganz ruhig mit meiner Hand nach unten, aber er war so aufgeregt, dass er sich nur sehr langsam beruhigen konnte. Nachdem er endlich etwas ruhiger war, lockte ich ihn zu mir und streichelte ihn. Sein ganzer Körper wurde immer weicher, er machte sich klein und wollte einfach nur gefallen. Sofort war es um mich geschehen: „Was für ein netter Hund!“ Mir war schnell klar, dass er in seiner Familie bisher wohl niemanden gehabt hatte, der ihm Grenzen aufzeigte. Natürlich nicht mit Gewalt, sondern mit Ruhe und Konsequenz.

Die Arbeit im Tierheim mit Chaska fiel mir leicht, denn er machte es mir einfach. Chaska ist ein typischer Schäferhund. Lernwillig, engagiert, temperamentvoll und dankbar für jede Beschäftigung. Egal, was ich mit ihm trainierte, Leinenführigkeit, „Sitz – Bleib“, „Such“, „Herum“, „Durch-die-Beine-Laufen“, „Bring“, für alles war er offen. An anderen Hunden konnten wir problemlos entspannt vorbeilaufen. Ich fragte mich wieder und wieder, wie man so einen großartigen Hund ins Tierheim geben konnte, und ich kann bis heute keine passende Antwort darauf finden.

Natürlich merkte man bei Chaska nach einiger Zeit, dass er erwachsen wurde und auch, dass ihn der Aufenthalt im Tierheim sehr stesste. Das führte dazu, dass er andere Hunde vermehrt anbellte. Daraufhin stellte ich das Training um und gestaltete die Aufgaben immer schwerer. Dadurch war er auch in solchen Situationen besser für mich ansprechbar, sodass ich ihn bei Hundebegegnungen gut ablenken konnte.

Doch leider konnte Chaska immer weniger mit Frust umgehen. Wie sollte er es auch? Im Tierheim ist es für die meisten Hunde sehr stressig. Es ist viel los, viele Hunde bellen und immer sehen die Insassen, wie andere Hunde und Menschen an ihren Ausläufen vorbeigehen und SIE selbst bleiben müssen. Alle Mitarbeiter und Hundeausführer tun ihr Bestes, damit es den Tieren an nichts fehlt. Aber natürlich ist das Leben hier nicht mit dem in einem schönen Zuhause zu vergleichen.

Chaska kann schlecht in Räumen zur Ruhe kommen. Er ist sehr nervös und springt in solchen Momenten wieder am Menschen hoch. Leider geht er dabei auch mit geöffnetem Maul an die Arme. Nicht mit Beschädigungsabsicht, aber dennoch gibt es blaue Flecken. Insbesondere für ältere Menschen oder Kinder kann das u. U. auch gefährlich werden, wenn sie dem Ansturm von Chaska nicht mehr standhalten können, umfallen und sich dabei verletzen. Doch ich bin mir sicher, dass Chaska in den richtigen Händen ein Rohdiamant ist, der ein riesengroßes Potenzial hat, ein großartiger Begleiter zu werden.

Inzwischen hat Chaska sein „Für-Immer-Zuhause“ gefunden. Wenn du gerade auf der Suche nach genau solch einem Hund bist, schau doch einfach einmal im Tierheim vorbei. Leider haben es gerade solch aktive Schäferhunde schwer, vermittelt zu werden.

Schäferhunde bleiben oft lange im Tierheim, aber Chaska hatte Glück: Mit Sarahs Hilfe hat er sein „Für-immer-Zuhause“ gefunden.

## Gassigänger im Tierheim

Tierheime sind nicht nur auf Unterstützung durch Spenden, sondern vor allem auch auf die Hilfe von ehrenamtlichen Mitarbeitern angewiesen. Dabei musst du gar kein Hundetrainer sein, auch wenn diese ebenfalls häufig ihre Hilfe anbieten, indem sie mit den Hunden trainieren und diese so auf die Vermittlung vorbereiten. Da es im Tierheim immer auch viele unkomplizierte Hunde gibt, die auf ein neues Zuhause hoffen, kannst du das Tierheim unterstützen, indem du mit diesen Hunden spazieren gehst oder im Freilaufgelände des Tierheims mit ihnen spielst und sie beschäftigst.

Insbesondere dann, wenn dein Leben keine Hundehaltung zulässt, ist das eine tolle Möglichkeit, die dir Kontakt und Umgang mit Hunden ermöglicht. In aller Regel kannst du auch mit deinem Lieblingshund spazieren gehen. Besprich mit den Mitarbeitern des Tierheims vorab, für welche Hunde du dich interessierst bzw. welche Probleme du dir zutraust. Richte dich aber darauf ein, dass „dein" Hund bald ein neues Zuhause findet und du dich von ihm verabschieden musst. Auch wenn dich ein solcher Abschied sicherlich immer ein wenig traurig macht, weißt du doch, dass „dein" Schützling nun am Ziel ist und seine Familie gefunden hat.

Als Gassigänger lernst du viele Hunde kennen und erlebst sie in verschiedensten Situationen.

Interessierst du dich für einen der Hunde, kannst du ihn durch einen Hundetrainer einschätzen lassen.

Auf dem Spaziergang erlebst du, wie dein Tierheimhund sich bei der Begegnung mit anderen Hunden verhält.

## Erfahrungen sammeln

Der Umgang mit den Hunden im Tierheim als Gassigänger kann dir auch zeigen, ob du generell dafür gemacht bist, einen Hund zu halten. Zudem kannst du unterschiedliche Hunde kennenlernen und so erfahren, welche Hunde dir liegen und welche Eigenschaften du dir bei deinem eigenen Hund wünschst. Du kannst unterschiedliche Beschäftigungen ausprobieren und lernst dabei aktive und dynamische, mit der Nase suchende, ignorante, auf den Menschen bezogene und noch viele andere Hunde kennen. Und vielleicht kommt irgendwann genau der eine Hund, bei dem du sofort weißt, dass er zu dir gehört. Du kannst den Hund nun ganz in Ruhe kennenlernen, mit ihm spazieren gehen, dich mit ihm beschäftigen und ihn, falls du dir nicht sicher bist, von einem professionellen Hundetrainer einschätzen lassen. Natürlich freut sich das Tierheim immer, wenn einer ihrer Hunde zu einem der Gassigänger zieht, doch oftmals endet damit auch die ehrenamtliche Zeit, denn nun hast du ja einen eigenen Hund, dem du dich voll und ganz widmen möchtest.

## Kastration von Hunden

Nach wie vor werden in vielen Tierheimen Hunde grundsätzlich kastriert. Als Begründung wird hierbei die Geburtenkontrolle angegeben. Man will verhindern, dass der neue Halter mit dem Hund züchtet und damit für mehr Hunde sorgt, die u. U. dann wieder ins Tierheim kommen. Zudem gibt es Bedenken, dass der neue Halter nicht genügend aufpasst und es zu einer ungeplanten Verpaarung des Hundes mit einem anderen, freilaufenden Hund, und damit ebenfalls zu unerwünschtem Nachwuchs kommt. Die Möglichkeit einer unerwünschten Verpaarung besteht natürlich, wenn beide Hunde intakt sind. In der heutigen Zeit, in der die wenigsten Hunde freilaufend durch die Dörfer streifen, sondern kontrolliert auf dem Spaziergang ausgeführt werden und ansonsten den Tag im Haus und in der Regel im gut eingezäunten Garten verbringen, kommt eine ungeplante Vermehrung allerdings eher selten vor.

### Kastration nur aus vernünftigem Grund

Eine Kastration sollte immer nur aus vernünftigem Grund vorgenommen werden, laut deutschem Tierschutzgesetz z. B. nach tierärztlicher Indikation oder zur Verhinderung unkontrollierter Fortpflanzung. Eine Haltung in gemischtgeschlechtlichen Gruppen würde natürlich dafürsprechen, Hunde im Tierheim kastrieren zu lassen. Alternativ könnte eine Haltung in gleichgeschlechtlichen Gruppen oder eine vorübergehende Unfruchtbarmachung mithilfe des Suprelorin-Chips erfolgen. Leider ist in den meisten Tierheimen hier bei uns jedoch immer noch die Einzelhundehaltung üblich. Leider, da die Hunde so weniger Möglichkeit zur arteigenen Kommunikation haben. Zudem sind Hunde keine Einzelgänger, sie leben in Gruppen und brauchen den engen Kontakt zu anderen.

**DEUTSCHES TIERSCHUTZGESETZ, § 6**

„Verboten ist das vollständige oder teilweise Amputieren von Körperteilen oder das vollständige oder teilweise Entnehmen oder Zerstören von Organen oder Geweben eines Wirbeltieres. Das Verbot gilt nicht, wenn

1. der Eingriff im Einzelfall
   a) nach tierärztlicher Indikation geboten ist oder (...)
5. zur Verhinderung der unkontrollierten Fortpflanzung oder – soweit tierärztliche Bedenken nicht entgegenstehen – zur weiteren Nutzung oder Haltung des Tieres eine Unfruchtbarmachung vorgenommen wird."

### Kastration aus gesundheitlichen Gründen

Eine Kastration kann gesundheitlich angeraten sein, z. B. beim Hodentumor, durch die Kastration steigt aber auch das Risiko für andere Erkrankungen, wie z. B. das Auftreten von Milztumoren. In Bezug auf das Verhalten kann sie zur Entspannung führen, wie z. B. beim sexuell motivierten Rüden, der aggressives Verhalten zeigt. Sie kann aber auch aggressives Verhalten fördern, wie es bei vielen unsicheren Hunden der Fall ist. Ob eine Kastration sinnvoll ist oder nicht, muss daher immer im Einzelfall entschieden werden.

### Klausel im Übernahmevertrag

Manchmal wird ein Tier im Tierheim zwar nicht kastriert – z. B. dann, wenn es nur sehr kurz im Tierheim war, bevor es wieder vermittelt wurde, oder aber weil dem Tierheim die finanziellen Mittel für diese Operation fehlen – die Kastration wird jedoch dem neuen Eigentümer vertraglich auferlegt. Allerdings sind solche Klauseln in einem Kauf- oder Übernahmevertrag sehr häufig rechtlich unwirksam. Wenn du einen Hund aus dem Tierheim mit dieser Auflage übernimmst, kann ein Anwalt klären, ob du dich überhaupt an die Klausel des Vertrags halten musst bzw. welche rechtlichen Schritte das Tierheim unternehmen kann, um diese Klausel durchzusetzen. Denn wenn nichts für eine Kastration deines Hundes aus verhaltenstherapeutischer Sicht spricht und auch keine medizinische Indikation gegeben ist, solltest du im Sinne deines Hundes diesen zunächst nicht kastrieren lassen.

Ältere Rassehunde, wie die Golden Retriever Hündin Luna, werden oft über die Zuchtvereine weitervermittelt.

## Rassehunde in Not

Falls du gezielt einen erwachsenen Hund einer bestimmten Rasse suchst, kannst du diesbezüglich im Internet fündig werden. Denn Rassehunde verlieren genauso wie Mischlinge immer wieder einmal ihr Zuhause.

### Vermittlung über Vereine

Eine erste Anlaufstelle kann hier der zuständige Rassehundezuchtverein sein. Diese Vereine bieten ihren Mitgliedern bzw. den Haltern von Hunden, die in diesem Verein gezüchtet wurden, häufig die Möglichkeit, den zu vermittelnden Hund auf der Webseite des Vereins zu inserieren. Daher lohnt sich ein Blick in die Kategorie „Vermittlung älterer Hunde". Es macht aber durchaus auch Sinn, eine Anfrage in Züchtergruppen der gesuchten Rasse in den sozialen Medien, z. B. auf Facebook, zu stellen, um frühzeitig über zu vermittelnde Hunde informiert zu werden.

### Vermittlung über Organisationen

Für fast jede Rasse gibt es zudem mittlerweile Organisationen, die sich für in Not geratene Rassehunde einer bestimmten Rasse einsetzen. Diese nehmen nicht nur Hunde aus offiziell anerkannten Rassehunde-Zuchtvereinen auf, sondern kümmern sich auch um Hunde dieser Rassen, die z. B. aus dem Ausland kommen oder aus sogenannten Vermehrerstationen befreit werden.
Diese Hunde leben dann meist übergangsweise in einer Pflegestelle, sodass du sie dort, genauso wie einen Hund im Tierheim, besuchen und kennenlernen kannst. Sie werden in der Regel auf der Webseite des Vereins mit Fotos und Berichten vorgestellt. Viele Pflegestellen führen zudem liebevolle Tagebücher, in denen der Fortschritt der Pflegehunde mitverfolgt werden kann. Vor der Aufnahme steht die Bewerbung, in der du den Verein über die zukünftigen Lebensbedingungen des Hundes informierst.

# Matti – Als Fundhund ins Tierheim

**Sandra Steinkamp, Martin Rütter Hundeschule Hamm**

Matti ist ein Labrador-Bretone-Jagdterrier-Mischlingsrüde und zog im Alter von geschätzten 2 Jahren bei mir ein. Ich habe ihn in unserem städtischen Tierasyl kennengelernt. Er wurde streunend im Wald gefunden, war nicht gechipt oder tätowiert, das heißt, niemand konnte etwas über seine Vergangenheit oder ursprüngliche Herkunft sagen.

Matti ist ein mittelgroßer, sportlicher, sehr impulsiver, aber auch sensibler, lustiger, intelligenter und lebensbejahender Hund mit einem Hang zum Übertreiben in so ziemlich jeder Lebenssituation. Obwohl er meinen ursprünglichen Kriterien eines Zweithundes, nämlich „sehr klein und unkompliziert", nicht wirklich entsprach, habe ich mein Herz an ihn verloren. Beim Kennenlernen im Tierasyl hatte er nur Blödsinn im Kopf. Er klaute Schuhe, ging über Tische und Bänke und freute sich über jeden, der darüber lachen konnte. Nachdem das erste Treffen zwischen Journo, meinem siebenjährigen Working Kelpie-Rüden, und Matti auf neutralem Boden sehr gut verlief, nahm ich ihn zunächst auf Probe mit nach Hause.

Der Mischlingsrüde Matti ist für jeden Blödsinn zu haben und begeistert damit nicht nur Sandra.

Geduld kommt so gar nicht in Mattis Lebensphilosophie vor. Warten empfindet er als sinnlose Zeitverschwendung. In seinen Augen besteht das Leben aus Bewegung und seiner Anwesenheit. Er fühlt sich am wohlsten, wenn er überall im Mittelpunkt stehen kann und von der ganzen Welt toll gefunden wird. Auch bei Hundebegegnungen ist das Warten für ihn inakzeptabel, da er lieber direkt Kontakt aufnimmt, was dann, je nach Sympathie, (un)freundlich endet. Damit ist das Thema „Du bist nicht dran" und „Alleinbleiben" zu einer unserer größten Herausforderungen im Training geworden.

Das Alleinbleiben schien unkompliziert, da Matti nichts zerstörte, man hörte auch kein Bellen oder Heulen. Aus Neugierde, wie beide Hunde während meiner Abwesenheit miteinander umgehen, hatte ich mir eine Überwachungskamera gekauft. Obwohl Journo entspannt im Körbchen liegen blieb, begann Matti panisch nach Ausgängen zu suchen, als ich die Wohnung verlassen hatte. Er fiepte kaum hörbar, hatte weit aufgerissene Augen, zitterte am ganzen Körper, lief alle augenscheinlichen Ausgänge ab, stand mit den Vorderbeinen auf der Fensterbank, stellte sich mitten in den Raum und lauschte in alle Richtungen, sprang auf den Esstisch, legte sich dort kurz hin, sprang wieder herunter, lief zur Zimmertür, durch die ich verschwunden war, versuchte durch den Türspalt am Boden Gerüche auf der anderen Seite der Tür wahrzunehmen, legte sich fiepsend davor und fing schließlich an zu buddeln. Ich fuhr daraufhin sofort wieder nach Hause und ab dem Moment, in dem ich die Wohnung betrat, war das ganze Theater schlagartig vorbei. Matti legte sich augenscheinlich entspannt (rückblickend betrachtet erleichtert) ins Körbchen zu Journo und alles schien total normal, als wäre ich nie weggewesen.

Nach langem Training muss ich akzeptieren, dass Matti nie „mal eben" allein bleiben wird, nicht einmal für zwei bis drei Stunden. Es braucht jedes Mal eine sehr routinierte Vorbereitung, kombiniert aus Suchspielen, körperlicher Auslastung und mindestens 20 Minuten Ruhephase (in denen ich selbst auch entspannt bin!), bevor ich das Haus verlassen kann. Und das geht auch nur einmal am Tag. Sollte ich ein weiteres Mal gehen müssen, klappt es trotz beschriebener Vorbereitung nicht.

Grundsätzlich ist Matti inzwischen in vielen Alltagssituationen geduldiger und selbstbewusster geworden. Wenn ich ehrlich bin, gab es aber auch Tage, an denen ich verzweifelt zu Hause gesessen und darüber nachgedacht habe, ob ich diesem Hund wirklich gerecht werden kann. Diese unermüdliche Energie gepaart mit Ungeduld, Sensibilität, Wissensdurst und der Tatsache, dass er nicht gut allein bleiben kann, haben mein komplettes Privat- und Berufsleben auf den Kopf gestellt. Und doch bin ich sehr glücklich, mich für ihn entschieden zu haben.

Matti: Ein toller Rüde, aber allein bleiben unmöglich…

# Bella – Labrador in Not

**Andrea Buisman, Ausbildungsleitung Martin Rütter Akademie**

Nach fünf Jahren, in denen ich fünf Würfe Labrador Retriever großgezogen hatte, starb mein ältester Rüde mit nicht einmal 9,5 Jahren an Tetanus. Viel zu früh, denn eigentlich wollte ich jetzt die Seniorenzeit mit ihm genießen. Doch es sollte einfach nicht sein. Schon seit einiger Zeit hatte ich den Wunsch, einem in Not geratenen Hund zu helfen. Was lag also näher, als sich nach einem Senior umzuschauen, der ein neues Zuhause brauchte. Denn diese Hunde haben es doch besonders verdient, dass sie ihr Lebensende nicht in einem Zwinger im Tierheim fristen müssen.

Besser spät als nie: Bella hat ihr Glück gefunden. Nach 11 Jahren im Stall darf sie bei Andrea und ihrem Retriever-„Rudel" leben.

Doch wer will schon einen zehn,elf, oder gar zwölf Jahre alten Hund? Einen Hund, den man nur eingeschränkt beschäftigen kann, den man nicht mehr auf lange Ausflüge mitnehmen kann und der gegebenenfalls auch unter der ein oder anderen Alterskrankheit leidet? Und dann, wenn man sich gerade an ihn gewöhnt hat, dann muss man sich auch schon wieder trennen und ihn gehen lassen.

Doch letztlich weiß man nie, wieviel Zeit man miteinander hat. Und junge Hunde hatte ich ja genug, denn schließlich lebten meine drei anderen Labrador Retriever noch bei mir. Ein Jahr lang durchsuchte ich immer wieder das Internet, schaute auf unterschiedlichsten Tiervermittlungsseiten, um „meinen" Hund zu finden. Doch die Ansprüche waren hoch: Es sollte ein alter Hund sein und natürlich am liebsten ein Labrador Retriever, denn dieser Rasse bin ich einfach verfallen. Da mich meine Hunde mit zur Arbeit begleiten, durfte der Hund weder ängstliches noch aggressives Verhalten gegenüber Menschen oder anderen Hunden zeigen. Da wir viel unterwegs sind, durfte Autofahren kein Problem sein, und auch allein bleiben muss ein Hund bei mir immer wieder einmal für ein paar Stunden können.

Wie zu erwarten, gab es diesen „Traum-Hund" natürlich nirgendwo. Doch auf einmal, als ich es schon fast aufgegeben hatte, blieb mein Blick an einem Foto hängen. Eine braune Labrador Retriever-Hündin, im Alter von elf Jahren! Als Hundetrainerin war mir natürlich klar, dass man so keinen Hund aussucht, aber ich wusste damals sofort: „Das ist mein Hund!"

Bella: Mit ihren 17 Jahren schon ganz weiß im Gesicht, aber immer noch einfach bezaubernd.

Bella kam von einem Vermehrer zu der Tierschutzorganisation und sollte laut ihrem Tagebuch, das von der Pflegestelle seit einigen Wochen fleißig geführt wurde, sozial verträglich sein und auch ein paar Stunden allein bleiben können. Kurzerhand rief ich bei dem Verein an, aber die Hündin war schon vergeben. Es sollte also nicht sein. Vier Wochen später klingelte auf einmal mein Telefon … Bella, „meine" Hündin, war nun doch wieder frei. Keine Frage, dass ich sofort einen Termin vereinbarte, um sie kennenzulernen. Denn natürlich wollte ich die definitive Entscheidung nicht nur anhand eines Fotos treffen.

Bella und ich lernten uns kennen und es war für uns beide sofort klar: Wir gehören zusammen. Also zog Bella bei uns ein. 38 Kilogramm schwer, wurde erst einmal die Futterration gekürzt, sehr zu ihrem Bedauern. Und obwohl sie nichts kennengelernt hatte, da sie die ersten 11 Jahre ausschließlich im Stall verbracht hatte, um Welpen großzuziehen, war sie offen und neugierig. Man kann wirklich sagen, dass sie im Alter noch einmal so richtig aufgeblüht ist. Einzig das Alleinbleiben war für sie die Hölle, dabei war sie nie ganz allein, denn es waren immer ein oder zwei der anderen Hunde bei ihr. Nach einiger Zeit wurde es zwar ein wenig besser, doch wenn ich sie zu lange allein ließ oder wenn ich sie ein zweites Mal an dem Tag zurücklassen musste, fing sie an zu bellen und hörte nicht mehr auf. So nahm ich sie meistens mit und richtete mein Leben ganz nach ihr aus. Bella war glücklich, solange sie in meiner Nähe sein konnte – mehr brauchte sie nicht.

Bella wurde fast 18 Jahre alt und ich hätte niemals gedacht, dass wir noch eine so lange Zeit zusammen verbringen dürfen. Auch ein alter Hund hat es eben immer verdient, noch ein neues Zuhause zu finden.

Beagle-Rüde Toni kommt aus dem Labor und kann von Eva nur an der Schleppleine geführt werden.

## Hunde aus dem Labor

Laborversuche an Tieren sind leider immer noch erlaubt, hierzu werden nicht selten auch Hunde eingesetzt. Die Hunde leben in der Regel im Käfig, haben kaum bis gar keinen Kontakt zum Menschen – und wenn, dann ist dieser meist mit Schmerzen verbunden. Sie haben keinen Auslauf und werden schmerzhaften Experimenten unterzogen, um z. B. kosmetische Produkte zu testen. Nicht selten werden hierfür Beagle genutzt, da diese ohne große Probleme in großen, immer wieder wechselnden Gruppen gehalten werden können. Beagle gehen nur wenig soziale Bindungen ein, sodass sie unproblematisch in immer neuen Gruppen vergesellschaftet werden können, ohne dass es zu aggressiven Auseinandersetzungen kommt.

Einige Tierschutzvereine haben sich auf die Rettung dieser Labor-Beagle spezialisiert. Wer sich einen solchen Hund anschafft, muss sich darüber bewusst sein, dass diese Hunde keine schöne Vergangenheit haben und u. U. schwer traumatisiert sind. Zudem muss man wissen, dass der Beagle generell eine sehr eigenständige Persönlichkeit ist und gern eigene Wege geht. Passen Weg und Aktivität, die der Mensch für den Spaziergang ausgewählt hat, zu den jeweils aktuellen Interessen des Beagles, wird man eine nette gemeinsame Zeit verbringen. Alternativ geht der Beagle auch gern allein auf Erkundungstour! Daher können viele Beagle nicht abgeleint werden und müssen ihre Familien dauerhaft an der Schleppleine begleiten. Beagle setzen gern ihre Nase ein und verfolgen Spuren. Da der Beagle in aller Regel auch sehr verfressen ist, sind Futtersuchspiele zur Auslastung ideal.

## Ausgemusterte Arbeitshunde

Auch Jagdhunde, die sich nicht für die Jagd eignen, werden nicht selten abgegeben. Dazu gehören z. B. Hunde, die nicht schussfest sind, die also starke Angst vor dem Knall haben. Oftmals sind diese Hunde generell eher sensibel und zeigen neben der Schussangst weitere Unsicherheiten und Ängste. Doch zu selbstsicher dürfen Jagdhunde auch nicht sein. Der Jagdhund, der das Wild für sich beansprucht, es verbuddelt oder sogar frisst, anstatt es dem Jäger zu bringen, ist für die Jagd nicht tauglich. Gerade in den südlichen Ländern, in denen ein solcher Hund eine große Belastung bedeutet, werden diese Hunde nicht selten getötet. Alternativ setzt man sie aus, sodass sie in Gruppen durch die Gegend streunen.

Wer einen solchen Hund aufnimmt, darf sich nicht wundern, wenn dieser unerwünschtes Jagdverhalten zeigt und dem Wild hinterherhetzt. Daher können diese Hunde oft auch nur an einer Schleppleine geführt werden.

Ein ähnliches Schicksal erleiden viele Galgos. Wenn sie die Anforderungen ihrer Eigentümer in Bezug auf Schnelligkeit und Jagdgeschick nicht mehr erfüllen können, werden sie oft grausam am Baum aufgehängt.

Weimaraner sind echte Power-Pakete!

Irish Setter Miss Marple steht vor einem Nutria vor.

Doch auch in anderen Bereichen werden Hunde ausgemustert, wenn sie die geforderte Leistung nicht mehr erbringen. Im Schlittenhundesport herrscht ein hoher Leistungsdruck. Eignet sich der Hund nicht für das Gespannfahren, weil es ständig zu Konflikten innerhalb des Rudels kommt oder ist er gesundheitlich nicht mehr in der Lage, die Anstrengung beim Rennen auszuhalten, insbesondere dann, wenn der Musher nicht nur an Wagenrennen teilnimmt, sondern auch im Schnee mit dem Hundeschlitten unterwegs ist, muss er gehen. Solche Hunde werden meist an ambitionierte Freizeitsportler abgegeben, die mit dem Hund im Canicross aktiv sind. Der Hund läuft hierbei vor dem Menschen und unterstützt diesen beim Laufen durch seine Zugkraft.

# Cuba – Galgo in Not

**Maxi und Miro Lotz, Martin Rütter Hundeschule Zürich Oberland**

Cuba zog im Juni 2022 bei uns ein. Sie ergänzt und bereichert seitdem unseren Alltag und unsere Familie. Wir sind unbeschreiblich dankbar und erstaunt darüber, wie offen, neugierig und mutig sie geworden ist, trotz ihrer Vorgeschichte. Seitdem sie sich in unserer Familie eingelebt hat, nach unzähligen gemeinsamen Erlebnissen, Abenteuern und schönen Momenten, ist sie nicht mehr wegzudenken. Wie es dazu kam? Das ist, wie so oft, eine lange und emotionale Geschichte.

Galga Cuba hat bei Maxi und Miro „ihre" Familie gefunden und beschlossen, für immer bei ihnen zu bleiben.

In unserer Familie lebt seit knapp zehn Jahren ein Windhundmischling, Rio. Er kommt aus einem Tierheim und ist der weise, souveräne und erfahrene Part unserer vierbeinigen Gruppe. Anfang 2021 kam eine Whippethündin, Ella, als Welpe aus einer Zucht zu unserer Familie hinzu. Sie stellte unseren Alltag regelrecht auf den Kopf und ist inzwischen eine dynamische und lustige Hündin geworden. Uns war jedoch immer klar, dass wir uns noch einen dritten Hund wünschen. Es sollte ein erwachsener Hund sein, der ein neues Zuhause sucht. Als Ella aus dem Gröbsten raus war, gingen wir auf die Suche. Hierfür wollten wir uns Zeit lassen, denn uns war wichtig, dass unser dritter Hund zu unserem dynamischen und abwechslungsreichen Alltag, zu uns als Menschen und zu unseren zwei anderen Hunden, Rio und Ella, passt. Gleichzeitig wollten wir seriösen und nachhaltigen Tierschutz unterstützen und einem Hund eine zweite Chance geben.

Die Suche ging bereits von Beginn an gezielt in Richtung Windhunde. Uns gefällt ihre feine kommunikative Art, ihre Entspanntheit zu Hause und im Gegensatz dazu, ihre dynamische Seite auf dem Spaziergang. Leider gibt es bis heute ganz viele Galgos, die in Spanien miserabel gehalten und jagdlich eingesetzt werden und, nachdem sie ihren „Zweck nicht mehr erfüllen", auf grausame Weise regelrecht entsorgt werden.

Cuba stammt aus einem in der Schweiz gelegenen Tierheim, das sich nachhaltig und professionell für ausländischen Tierschutz, insbesondere in Spanien, einsetzt. Wir durften dort einige Hunde kennenlernen, sie mehrmals

Die Hündin, mit dem besonderen Aussehen und dem einzigartigen Charakter, hat Maxi und Miro sofort überzeugt und dort ihr Zuhause gefunden.

besuchen und mit ihnen spazieren gehen. Zunächst waren wir davon überzeugt, dass eine andere Hündin „die richtige" für uns sei … und dann kam Cuba!

Cuba war gerade erst aus der Quarantäne entlassen und die Tierheimleiterin meinte zu uns: „Schaut euch doch einmal diese Hündin an, die gerade erst zu uns gekommen ist." Eigentlich hatten wir uns innerlich bereits für die andere Hündin entschieden, jedoch waren wir neugierig. So lernten wir Cuba kennen und es passte von Anfang an. Es kam eine neugierige, interessierte, weiß-schwarz gefleckte und braungestromte riesige Hündin durch die Tür. Irgendwie sah sie aus wie eine Piratin. Trotz ihrer Vergangenheit, der langen Reise in die Schweiz und der Isolation in der Quarantäne war sie neugierig und hatte Lust auf mehr. So gingen wir auf einen weiteren Spaziergang, dieses Mal mit Cuba und hatten viel Spaß zusammen. Nach einer harmonischen Zusammenführung mit Rio und Ella und einigen weiteren Spaziergängen kam Cuba zu uns zum „Probewohnen".

Ihre Kondition war sehr schlecht, Cuba hatte kaum Muskulatur, einige Verletzungen und ihr Körper und dessen Narben erzählten (womöglich nur Bruchteile) ihrer Vorgeschichte. Doch es fühlte sich an, als wäre Cuba schon immer bei uns gewesen. Bereits am ersten Tag des Probewohnens wussten wir: „Sie bleibt!".

Seither haben wir viel für ihre Gesundheit getan. Doch sie brauchte nicht nur physische, sondern auch psychische Genesung. Offenbar hat sie mit Männern schlechte Erfahrungen gemacht, also haben wir ihr ganz viele nette Männer mit vielen, schmackhaften Leckerlis vorgestellt. Wir haben über Physiotherapie und Alltagsübungen am Muskelaufbau gearbeitet und ihr neue Beschäftigungsformen beigebracht, wobei das Apportieren ihre absolute Leidenschaft geworden ist. Wir haben neue Orte mit ihr entdeckt, waren zusammen in den Sommerferien auf Mallorca und sind ein richtig starkes Team geworden.
Was sollen wir sagen, sie ist und bleibt unsere „Piratin"!

## Hunde aus Kleinanzeigenportalen

Wenn Menschen sich über die Anschaffung eines Hundes Gedanken machen, gelangen sie nicht selten als Erstes zu Anzeigen unterschiedlicher Portale im Internet. Die Vielfalt der Angebote in solchen Kleinanzeigenportalen ist unendlich, die Angebote sind zahlreich und der Suchende findet dort alles, vom Kleinhund bis zur Dogge, vom Rassehund bis zum Mischling, vom Welpen bis zum Senior.

### Das Tor zum illegalen Hundehandel

Leider ist die Gefahr groß, dass man an einen unseriösen Anbieter gerät, denn viele Hundehändler und Vermehrer nutzen diese Plattformen, um ihre Hunde zu verkaufen. Da durch die Betreiber der Portale meist keinerlei Kontrolle darüber erfolgt, wer solche Angebote einstellt, und Anbieter in der Regel auch nicht nachverfolgt werden können, sind Tür und Tor für den illegalen Hundehandel hierbei nicht selten geöffnet. Aus diesem Grund bieten seriöse Züchter und Tierschutzorganisationen nur sehr selten ihre Hunde über solche Portale an.
Für den Nutzer ist es fast unmöglich, zu recherchieren, um was für ein Angebot es sich handelt. Steht in einer Anzeige, dass die Familie sich nur schweren Herzens von ihrem geliebten Hund trennen muss, da sie aufgrund eines Wohnungswechsels den Hund nicht mehr halten kann, muss dies nicht der Wahrheit entsprechen. Vielleicht handelt es sich dennoch um einen Vermehrer, der mit geschickt erzählten Geschichten seine Ware anpreist. Viele Menschen denken nun, dass sich das ja spätestens bei der Abholung zeigen wird. Doch nicht selten wird aus dem Treffen an einer bestimmten Adresse eine Übergabe auf der Straße, weil „die Oma gestürzt ist und man schnell ins Krankenhaus muss". Auch wenn die Übergabe in einer Wohnung erfolgt, heißt das nicht, dass die Menschen, die den Hund dort übergeben, auch tatsächlich dort wohnen und der Hund bei ihnen gelebt hat.
Aus diesem Grund rate ich in aller Regel davon ab, in einem solchen Portal nach einem Hund zu suchen. Wer das Risiko dennoch eingeht, sollte sich der Betrugsmöglichkeiten bewusst sein und diese so gut wie möglich ausschließen, indem er sich den Personalausweis des Verkäufers zeigen lässt und einer Übergabe des Hundes ausschließlich am Wohnort des Verkäufers zustimmt.

Tierschutz darf keine Grenzen haben:

Martin Rütter unterstützt den Auslandstierschutz aktiv. Auch im Ausland findet man viele tolle Hunde.

## Hunde von Tierschutzorganisationen

Auch wenn es natürlich Tierschutzorganisationen gibt, die sich um die Hunde des jeweiligen Landes kümmern, engagieren sich viele doch für Hunde aus dem Ausland.

### Hunde aus dem Ausland

Die Abgabe von Hunden im Tierheim und deren Versorgung auf Staatskosten ist in südlichen und östlichen Ländern nicht üblich, viel häufiger werden diese ausgesetzt, wenn sie nicht mehr gebraucht werden, und vermehren sich dann unkontrolliert. Kommt ein Hund ins Tierheim, verbleibt er meist nur eine kurze Zeitspanne dort. Wird er nicht innerhalb weniger Wochen von seinem Eigentümer abgeholt oder findet ein neues Zuhause, wird er getötet. Immer wieder versucht man auch mit gezielten direkten Tötungsaktionen, die auf der Straße lebenden Hunde zu reduzieren. Doch solange sich die Einstellung der Bevölkerung generell zur Hundehaltung und zum Lebewesen Hund nicht ändert, wird man auch damit nur wenig Erfolg haben. Hinzu kommt, dass es in diesen Gegenden genug Lebensraum für die sogenannten „Straßenhunde" gibt. Fängt man nun Hunde aus dort lebenden Gruppen weg, wird letztlich Platz für neue Mitglieder geschaffen. Die in großer Vielzahl geborenen Welpen überleben dann in höherer Anzahl, sodass die generelle Zahl der Straßenhunde nach einiger Zeit wieder auf eine bestimmte Anzahl angewachsen ist.

Sehr häufig sieht man Straßenhunde in Gegenden mit viel Tourismus, z. B. in der Nähe von Sehenswürdigkeiten, Hotels, Restaurants etc., denn dort gibt es in der Regel ein reichhaltiges Nahrungsangebot, besonders zu Ferienzeiten!

## Versorgung durch Touristen – ein echtes Problem!

Straßenhunde haben im Laufe der Zeit Strategien entwickelt, um an Nahrung zu kommen. Dazu beobachten sie die Menschen sehr genau und lernen, sie einzuschätzen bzw. ihre Abläufe zu verinnerlichen. Sie wissen nach kurzer Zeit, von welchen Menschen sie einen Brocken Futter erwarten können und welche Menschen ihr Futterbetteln ignorieren werden oder sie sogar verjagen. Sie wissen, wie sie sich bewegen oder verhalten müssen, um die Aufmerksamkeit eines Menschen zu erlangen: vorsichtige Annäherung, beschwichtigendes Verhalten wie Pföteln und Anlegen der Ohren, oder sogar vorgetäuschtes Lahmen, um Mitleid zu erregen. Sie wissen, an welchen Orten es sich lohnt, auf Menschen mit Futter zu warten und zu welcher Zeit sie am ehesten auf einen solchen Menschen treffen. Sie können sogar schon am Erscheinungsbild erkennen, ob es sich um einen Touristen oder einen Einheimischen handelt. Denn viele Touristen haben Mitleid mit Straßenhunden und füttern diese während ihres Aufenthaltes täglich oder legen Essensreste aus. Doch die eigentlich gut gemeinte Maßnahme hat leider häufig folgenschwere Konsequenzen für die Hunde. Durch die Fütterung verlieren die Hunde die Scheu vor Menschen, sie kommen immer näher und werden immer aufdringlicher. Dies wird besonders von den Einheimischen nicht immer positiv gesehen, insbesondere dann, wenn die Urlaubssaison beendet ist. Dann sind die Hunde oft lästig und werden verjagt oder sogar getötet. Durch die immer weiter steigende Anzahl an Hunden in den städtischen Gebieten wird zudem der Kot- und Urinabsatz immer größer, was in warmen Gebieten sehr unangenehm riechen und zu hygienischen Problemen führen kann.

## Versorgung durch Einheimische

Straßenhunde, die in kleinen Dörfern leben, werden oft von den Einheimischen versorgt. Da hier weniger Tourismus herrscht, ist der Zuwachs an Straßenhunden nicht so groß wie in der Stadt, das heißt, es herrscht hier keine so große Konkurrenz. Allerdings ist auch das Nahrungsangebot knapper, denn die Einheimischen füttern die Hunde in der Regel nur, wenn sie selbst genügend Nahrung haben und/oder die Hunde einen Nutzen für sie darstellen, wie z. B. als Bewacher von Haus und Hof oder aber als „Nahrungsquelle" in schlechten Zeiten. Sie sind auf keinen Fall mit unseren Haushunden zu vergleichen, denn diese Hunde dort „gehören" niemandem, das Verhältnis Mensch/Hund ist ein eher „vernunftgemäßes" Verhältnis nach dem „Kosten-Nutzen-Prinzip"!

## Hunde ohne direkten Menschenkontakt

Neben diesen Straßenhunden, die an das Zusammenleben mit dem Menschen gewöhnt sind, gibt es auch freilebende Hunde, die keinen direkten Menschenkontakt haben. Häufig zu beobachten sind Rudel, die an Zugstrecken leben. Sie ernähren sich hauptsächlich von Menschenkot oder Nahrungsresten, die aus den Zügen geworfen werden. Zudem gibt es Rudel, die mitten in den Wäldern leben. Sie ernähren sich hauptsächlich von Mäusen, Hasen oder anderen Kleintieren und sind bezüglich der Ernährung nicht vom Menschen abhängig. Die Vermittlung solcher Hunde ist sehr in Frage zu stellen, da diese Hunde große Probleme haben, sich an das Leben in unserer Zivilisation und an das enge Zusammenleben mit dem Menschen zu gewöhnen.

Links: Viele Hunde aus dem Ausland sind sehr dünn, da sie oft kaum Nahrung finden oder von Würmern befallen sind.

Hunde, die auf der Straße und in Gruppen gelebt haben, haben meist große Schwierigkeiten mit dem Leben im Haus.

## Keine Vermittlung um jeden Preis

Bei der Vermittlung von Hunden aus dem Ausland gilt also keinesfalls eine Vermittlung um jeden Preis! Viele dieser Hunde, die gut gemeint auf einen Sofaplatz vermittelt wurden, sind unglücklich darüber, dass sie ihr bisheriges Leben nicht weiter fortsetzen können. Auch wenn wir uns das bei dem vorherrschenden Bild des Hundes in unseren westlichen Ländern nicht vorstellen können, lebt die Mehrzahl der Hunde auf der Welt nicht im menschlichen Haushalt. Aktuell geht man von ca. 80 % freilebenden Hunden aus – und auch wenn es dem ein oder anderen Hund vermutlich tatsächlich nicht gut geht, sind wohl kaum alle diese Hunde bedauernswerte Geschöpfe, die nur darauf warten, gerettet zu werden. **Natürlich gibt es sie, die Hunde in Tötungsstationen, in Auffangstationen seriöser Tierschutzorganisationen, auf verlassenen Höfen sowie verletzte und pflegebedürftige Hunde. Und selbstverständlich darf es beim Tierschutz keine Grenzen geben – jeder dieser in Not geratenen Hunde verdient ein gutes Zuhause, in dem er versorgt wird und entsprechend seiner Bedürfnisse leben darf.**

## Schwarze Schafe

Leider gibt es aber neben vielen seriösen Organisationen, die eine wirklich tolle und bewundernswerte Arbeit im Auslandstierschutz leisten, auch Menschen, die entdeckt haben, dass es sich bei der Vermittlung dieser Hunde in die westlichen Länder um ein „lohnendes Geschäft" handelt. Hier steht der Profit im Vordergrund. Hunde werden unabhängig davon, ob sie sich für eine Vermittlung eignen oder nicht, eingefangen und verkauft. Und so reisen sie dann ein, die abgemagerten, von Giardien und Würmern befallenen, mit Wunden übersäten und menschenscheuen Hunde, die durch unsere Zivilisation nicht selten heillos überfordert sind, da sie bisher kaum ein Auto, geschweige denn Busse, Bahnen und LKW gesehen haben. Eine Vermittlung ist in diesen Fällen oft erst nach monatelanger Pflege und Gewöhnung, oftmals aber im Grunde genommen gar nicht möglich. Zurück können die Hunde jedoch nicht, denn im Ursprungsland werden sie nicht wieder aufgenommen, und in ihr altes Leben passen sie auch gar nicht mehr, denn ihr Platz in ihrer Gruppe ist längst wieder durch einen anderen Hund besetzt.

Nicht jeder Hund freut sich über einen Platz auf dem Sofa. Viele Straßenhunde sind ein sehr freies Leben, ohne den Menschen, gewohnt.

Aus diesem Grund ist es, wie immer bei der Aufnahme eines Hundes aus dem Tierschutz, extrem wichtig, dass du dich von der Seriosität der Organisation überzeugst, von der du einen Hund adoptieren möchtest. Natürlich leiden auch die Hunde, die durch andere, nicht-seriöse Organisationen vermittelt werden. Doch mit dem Kauf eines solchen Hundes unterstützt du diese Organisationen und förderst die Ausbeutung der „Ware Hund". Denn jeder freigekaufte Hund schafft Platz für mindestens zwei neue Hunde. Leider ist es aber oft nicht einfach, festzustellen, um was für eine Organisation es sich handelt! Denn solche Organisationen sind natürlich darauf bedacht, dass ihre unseriösen Praktiken nicht an die Öffentlichkeit gelangen, und präsentieren meistens viele „gute Projekte" und „beste Referenzen" in ihren Werbebroschüren!

Angela hat schon immer eine große Vorliebe für Irish Setter: Miss Marple passt daher perfekt zu ihr.

# Miss Marple – ein Hund aus Kleinanzeigen

**Angela Wiemann**

Nachdem wir 2015 unseren 13-Jahre alten Retriever-Mix einschläfern lassen mussten, stand für mich fest, dass unser neues Familienmitglied ein Irish Setter werden soll. Ich kannte die Rasse von früher und finde diese Hunde einfach toll, vom Aussehen und auch vom Charakter. Und da ich meine Ausbildung zur Hundetrainerin bei Martin Rütter fast beendet hatte, dachte ich, „das ausgeprägte Jagdverhalten bekommen wir bestimmt auch ganz schnell in den Griff“. Ich wollte keinen Welpen, sondern einen Secondhand-Hund, der ein neues Zuhause braucht. Der Hund sollte sich allerdings nicht im Ausland befinden, damit wir ihn kennenlernen konnten. Also ging die Suche erst einmal in Tierheimen in der Nähe und dann im Internet los. Es dauerte einige Zeit, denn Rassehunde, die noch einigermaßen jung sind, werden nicht so oft abgegeben. Doch dann war im Internet eine Anzeige für eine Setter-Hündin, die von der Beschreibung her genau passte: 11 Monate alt, weiblich, unkastriert und katzenverträglich. Perfekt, denn eine Katze lebte auch noch bei uns im Haushalt! Außerdem lebte die Setter-Hündin in der Nähe.

Nach einem Anruf war klar: Wir hatten gute Chancen, die Hündin zu bekommen, obwohl es wohl schon viele Anfragen gab. Also fuhren wir zu einem ersten Kennenlernen zu der Vermittlerin, die eine Freundin der Halterin war, die nach ihrer Scheidung nach Berlin ziehen musste und die Hündin nicht mitnehmen konnte. Wir lernten eine sehr aufgeregte „Bessy" kennen, die bei dem Treffen über Tisch und Bänke sprang ... Egal, ich war sofort verliebt und mir war klar: „Ich würde sie nehmen!" Wir wurden uns schnell einig und „Bessy" durfte unser neues Familienmitglied werden. Abholen konnten wir sie allerdings erst zwei Wochen später, da ich in Bonn noch meine Abschlussprüfung absolvieren musste.

Mit der Überzeugung, dass ich jetzt alles über Hunde und Hundetraining wusste, holten wir „Bessy", die von nun an „Miss Marple" hieß, ab. Bei der Abholung war Miss Marple wieder sehr aufgeregt. Sie lief frei auf dem Hof herum und war kaum einzufangen. Endlich im Auto, ging es ins neue Zuhause. Dort gab es im Flur gleich das erste Treffen mit unserer Katze ... Katzenverträglichkeit, wie in der Anzeige genannt, sah aber irgendwie anders aus! Mit viel Boxen- und Deckentraining und einer relaxten Katze klappte das aber bald recht gut. Miss Marple wurde im Haus ruhig, ausgeglichen und super kuschelig.

Draußen sah das leider anders aus, sobald wir vor die Haustür traten, war Miss Marple permanent im Jagdmodus. An der Leine zog und riss sie ständig und die Ansprechbarkeit war gleich null. Zum Glück hatte ich gelernt, was nun angesagt war: Den Hund auslasten und beschäftigen, z. B. mit Suchen und Apportieren. Gesagt, getan ... oder auch nicht! Apportieren lernte Miss Marple sehr schnell und auch Suchen war kein Problem – solange wir es bei uns im Haus und Garten machten. Sobald wir außerhalb waren, war sie an diesen Dingen überhaupt nicht interessiert. Alles andere in der Umgebung war spannender und sie brachte mich wirklich oft an den Rand der Verzweiflung. Ohne Leine laufen war leider auch nicht möglich, was sie allerdings nicht davon abhielt, mir in einigen Situationen die Leine aus der Hand zu reißen und stundenlang unterwegs zu sein, um zu jagen – ja, auch eine Hundetrainerin ist nicht immer perfekt ...

Die erste Zeit mit Miss Marple war nicht einfach. Ich habe lange gebraucht, um sie und ihre Eigenschaften zu akzeptieren, Geduld zu haben, und ihr und mir Zeit zu geben! Es gab sehr viele Höhen und Tiefen. Allerdings habe ich es nie bereut, dass sie zu uns gekommen ist. Ich habe sehr viel durch sie und mit ihr gelernt. Mittlerweile sind wir ein tolles Team, obwohl ihre Ansprechbarkeit in einigen Situationen immer noch nicht gegeben ist und auch das Ziehen an der Leine noch sehr oft vorkommt. Miss Marple ist mein absoluter Herzenshund und ich bin glücklich, dass wir uns gefunden haben.

Vorstehhunde wie Setter stellen hohe Ansprüche an ihre Halter und brauchen erfahrene Menschen.

# Melly – ein Hund von der Straße

**Manuela Blum, Martin Rütter Hundeschule Birkenfeld/Merzig**

Geboren 2016 in der Türkei auf einer Müllkippe, kam Melly zusammen mit Mutter und Geschwistern in die Auffangstation des Tierschutzvereins, da die Gefahr bestand, dass die kleine Familie vergiftet werden könnte. Dort blieb sie bis 2019.

Der Kontakt zu diesem Verein kam durch die Suche nach einem Zweithund für unsere Hündin Reika zustande. Es sollte auf jeden Fall ein Tierschutzhund sein, und da wir unsicher waren, wie sie reagieren würde, haben wir uns erst einmal als Pflegestelle beworben.

Die Wahl fiel auf Melly, weil sie in der Hundegruppe gemobbt wurde. Sie kam mit einigen Bisswunden hier an. Anfangs war Melly ein echter Problemfall: sehr unsicher, introvertiert, fraß schlecht, schlief eigentlich nur und schien generell an nichts Interesse zu haben. Ich fand keinen Zugang zu ihr und tat mich schwer, sie zu motivieren, selbst wenn es nur zum Spazierengehen war. Das blieb für ca. vier bis fünf Monate so.

Nach ca. sechs Monaten hatten sich die ersten Interessenten für Melly beworben, eine lange Zeit für einen Pflegehund. Leider klappte die Zusammenführung mit dem vorhandenen Hund nicht. Melly hatte richtig Angst vor ihm, und das wollte ich ihr nun wirklich nicht antun – daher wurde es nichts mit der Vermittlung.

Mein Freund, der die besondere Verbindung zwischen Melly und mir offensichtlich schon vor mir erkannte, schlug vor, dass ich sie behalten solle, um ihr eine weitere Umgewöhnung zu ersparen. Und so fiel dann die Entscheidung und Melly blieb.

Kurz zuvor hatte ich mich bei Martin Rütter zur Ausbildung als Hundetrainerin angemeldet. Dass Melly dabei fast meine größte Herausforderung werden würde, habe ich zu diesem Zeitpunkt allerdings noch nicht geahnt. Das erste praktische Wochenende mit Hund bleibt unvergessen, weil es so nervenaufreibend war. Melly tat – nichts.

**Durch meinen Hund lernte ich den Grundsatz von Hundetraining: Es braucht Zeit, Geduld und Einfühlungsvermögen.**

Herdenschutzhunde wie Melly brauchen klare Strukturen im Alltag und einen konsequenten Umgang mit Regeln.

Sie war nicht dazu zu bewegen, in irgendeiner Form mitzumachen, sondern stand wie angewurzelt auf der Wiese und brachte mich zur Verzweiflung. Entsprechend tränenreich war meine Heimfahrt.

Im Laufe der Ausbildung wurde Melly souveräner im Umgang mit anderen Hunden und neuen Situationen. Und ich lernte, damit zu leben, dass ein halber Herdenschutzhund nicht unbedingt für alle Beschäftigungsformen geeignet ist bzw. mehrfach überlegt, ob das jeweilige Signal jetzt Sinn macht oder nicht.

Sie lehrte mich, wie wichtig es ist, Verantwortung zu übernehmen, gerade beim gern auch mal rüpelhaften Verhalten eines Herdenschutzhundes. Bellen am Zaun, Besuch maßregeln etc. stellten mich eine Zeit lang vor große Herausforderungen. Wir haben das aber durch klare Regeln und Strukturen sowie intensives Training gut im Griff. Nachlässig darf man bei Melly aber nicht werden.

Damit kam die Erkenntnis, dass Hunde eben oft nicht so funktionieren, wie wir das gerne hätten, aber auch die Fähigkeit, Ruhe zu bewahren.

Melly, Herdenschutzhund durch und durch. Nur für Pommes Frites lässt sie sich herab, Übungen auszuführen.

Mittlerweile apportiert Melly sehr gern – auch wenn zumindest eine Pommes im Beutel sein muss. Ich habe da wirklich alle gängigen Leckerchen ausprobiert. Das Einzige, das wirklich zog, waren Pommes frites. Für die wird Melly dann aber auch richtig aktiv!

Im Jahr 2021 wurde bei ihr eine Schilddrüsenunterfunktion diagnostiziert. Mit dem Hintergrundwissen aus meiner Aus- und Weiterbildung als Hundetrainerin gehe ich heute davon aus, dass diese sicher schon 2019 bestand. Man sollte einen Hund daher bei der Aufnahme gesundheitlich checken lassen. Seitdem sie behandelt wird, merkt man bei Melly eine deutliche Veränderung. Sie ist aktiver und extrovertierter. Natürlich ist sie immer noch kein Border Collie, aber etwas mehr Action ist angesagt.

Melly hat sich für mich zu einer wundervollen Co-Trainerin entwickelt. Leinenführigkeit, Impulskontrolle, Kommunikation mit anderen Hunden im Freilauf – all das meistert sie mit Bravour. Sie ist immer an meiner Seite, wenn ich sie brauche, nimmt sich aber auch mal zurück und kann dann entspannt abschalten. Für neue Pflegehunde ist sie eine große Hilfe. Sie leitet sie an und gibt ihnen Halt. Mit Junghunden ist sie unendlich geduldig.

Ohne Melly wäre ich nicht der Mensch, der ich heute bin. Ich bin unglaublich dankbar dafür, dass sie eingezogen und geblieben ist. Auch wenn ich sie in Momenten, in denen sie ihr gesamtes Training komplett „vergisst", durchaus mal auf den Mond wünsche. Aber auch das gehört bei Hunden eben dazu.

# Merkmale seriöser Tierschutzorganisationen

Woran erkennt man nun, ob eine Organisation seriös arbeitet oder nicht? Die Fotos und Berichte auf einer Webseite werden alle ein wunderbares Bild der Organisation zeichnen.

Grundsätzlich sollte die Organisation ein eingetragener Verein sein, denn dann werden die eingenommenen Gelder durch Spenden oder Schutzgebühren nicht in die eigene Tasche gewirtschaftet, sondern kontrolliert für den Tierschutz ausgegeben.
In Deutschland besitzt die Organisation eine Genehmigung nach § 11 Abs. 1 Nr. 5 des Deutschen Tierschutzgesetzes (DTSchG). Hierzu müssen gegenüber dem zuständigen Veterinäramt Personen ausgewiesen werden, die ihre Sachkunde in Bezug auf den Import von Tieren aus dem Ausland nachgewiesen haben. Zudem dokumentiert die Organisation genau, wie viele Hunde nach Deutschland verbracht werden und erfüllt die Auflagen, die durch das zuständige Veterinäramt auferlegt wurden.

## Aussagekräftige Website

Es gibt eine Webseite der Organisation, auf der alle bisher genannten Angaben (Gemeinnützigkeit, Erlaubnis nach § 11, zuständiges Veterinäramt) sowie Informationen zum Vorstand, der Satzung und zum Ablauf der Tiervermittlung erläutert werden. Im Impressum stehen Informationen zur verantwortlichen Person sowie zur Rechtsform des/der Vorsitzenden inklusive der Kontaktdaten.

## Intensive Auskunft

Eine seriöse Organisation gibt Interessenten so viele Informationen wie möglich zu dem zu vermittelnden Hund. Sie informiert über das Alter, die Rasse, den Gesundheitszustand sowie, soweit das möglich ist, über Verhalten und Charakter des Hundes und etwaige vorhandene Probleme. Ein Problem besteht häufig darin, dass die Hunde sich vor Ort anders zeigen als in Deutschland.

Vor der Übergabe sollte immer ein tierärztlicher Check-Up durchgeführt werden. Auch Übergewicht kann medizinisch bedingt sein.

Im eigenen Land, in bekannter Umgebung und zusammen mit anderen Hunden, kann vorhandene Unsicherheit gar nicht auffallen. Daher vermittelt eine seriöse Organisation Hunde nicht direkt aus dem Ausland, sondern erst, nachdem sie in einer Pflegestelle im jeweiligen Land auf das Leben dort vorbereitet wurden und genauer eingeschätzt werden konnten.

### Persönliche Gespräche

Vor jeder Vermittlung steht ein persönliches Vermittlungsgespräch, bei dem ein Mitglied der Organisation dem Interessenten Fragen stellt, die sowohl dessen Erfahrung mit Hunden als auch die zukünftige Versorgung und Pflege des Hundes betreffen. In der Regel erfolgt ein solches Gespräch beim Interessenten zu Hause, sodass die Organisation sich persönlich ein Bild vom zukünftigen Zuhause des Hundes machen kann. Einige Organisationen verlangen bereits vor dem Gespräch mithilfe eines Fragebogens Informationen über die zukünftige Familie. Hierbei werden Fragen zur Wohnung (Haus/Wohnung, Eigentum/Miete), zum Arbeitsverhältnis und der Zeit des Alleinbleibens des Hundes sowie zu Vorerfahrungen in Bezug auf die Haltung von Hunden erfragt.

### Kennenlernen des Hundes

Die Vermittlung des Hundes erfolgt über Pflegestellen und Tierheime, die Hunde werden nicht direkt am Flughafen oder alternativ aus dem Auto heraus auf einem Parkplatz übergeben. So kann der Interessent den Hund kennenlernen und überprüfen, ob dieser zu ihm und in sein Leben passt. Der Hund kann in Ruhe übergeben werden, es besteht keine Gefahr, dass er bei einer hektischen Übergabe am Flughafen oder Rastplatz entläuft, da er sich durch den Stress der neuen Eindrücke aus dem Halsband oder Geschirr windet.

## Quarantänemaßnahmen

Alle zum Hund gehörenden Unterlagen werden bei der Vermittlung an den Interessenten übergeben, dazu gehört z. B. der Impfpass des Hundes, in dem alle notwendigen Impfungen dokumentiert sind. Der Interessent wird über alle aufgetretenen Erkrankungen des Hundes und die diesbezüglich erfolgten Behandlungen informiert. Hunde aus dem Ausland sind auf die sogenannten „Mittelmeerkrankheiten" getestet. Dabei handelt es sich um Krankheiten, die durch sogenannte Vektoren, also z. B. Mücken, Zecken oder Flöhe, übertragen werden. Hierzu wird ein Blutbild in einem spezialisierten Labor mit entsprechenden Diagnostikmöglichkeiten erstellt. Schnelltests sind nur wenig aussagekräftig und führen oft zu falschen Ergebnissen! Bei daran erkrankten Hunden entstehen aufgrund der Behandlungen oft hohe Kosten, über die sich der zukünftige Halter im Klaren sein muss. Zudem gehen Einschränkungen in Bezug auf Aktivitäten einher. Damit sich der Hund nicht während der Zeit der Testung und des Transports noch ansteckt, verbleibt der Hund in Quarantäne.
Die Organisation kann natürlich nicht garantieren, dass der Hund nicht doch an einer Krankheit leidet, die bislang noch nicht aufgefallen ist. Daher ist auch nach der Ankunft im Zielland eine Quarantäne des Hundes sinnvoll, und das nicht nur, wenn der Mensch, der sich für den jeweiligen Hund interessiert, bereits weitere Hunde hält. Denn nur so kann gewährleistet werden, dass der Hund sich nicht während des Transports angesteckt hat und damit im Zielland andere Hunde gefährdet. Wir empfehlen daher, den Hund zeitnah nach der Ankunft in einer Tierarztpraxis vorzustellen, um den Gesundheitszustand abklären zu lassen.

Jugendliche können Aufgaben bei der Versorgung des Hundes übernehmen, jedoch nicht die alleinige Verantwortung für den Hund tragen.

## Lebenslange Verantwortung

Bei Fragen zum Hund oder im Falle, dass Probleme auftreten, ist die Organisation jederzeit und lebenslang Ansprechpartner für den Interessenten. Sollte es tatsächlich einmal dazu kommen, dass ein Hund nicht länger beim Interessenten verbleiben kann, hilft die Organisation dabei, eine Lösung im Sinne des Hundes zu finden, indem sie ihn z. B. zunächst einmal wieder zu einer Pflegestelle der Organisation oder aber direkt in ein neues Zuhause vermittelt. Daher wird ein Vermittlungsvertrag mit einer Vermittlungsgebühr abgeschlossen, bei dem die Organisation sich bereit erklärt, den Hund im Notfall wieder zurückzunehmen. Ein Passus, nach welchem die Organisation nach der Übergabe des Tieres Eigentümer bleibt oder die Auflage, dass der Hund kastriert werden muss, sind in aller Regel rechtlich übrigens nicht korrekt bzw. durchsetzbar. Wurde der Hund vermittelt, findet ein paar Wochen später eine Nachkontrolle statt. Ein Mitglied der Organisation besucht den Interessenten erneut, um sich ein Bild vom Hund und der hoffentlich erfolgreichen Vermittlung zu machen.

## Verbesserung der Situation vor Ort

Seriöse Organisationen aus dem Ausland engagieren sich nicht nur in der Vermittlung von Hunden, vielmehr versuchen sie aktiv die Situation der Hunde vor Ort zu verbessern. Dazu gehören z. B. Kastrationsaktionen, bei denen die freilebenden Hunde kastriert und nach der Operation wieder zurück in ihre Gruppe entlassen werden (Prinzip „Fangen, Kastrieren, Freilassen", engl. TNR – Trap, Neuter, Release). Aufgrund der Kastration kann keine weitere Vermehrung der Hunde erfolgen, doch die bestehenden Gruppen bleiben erhalten, sodass das Gruppengefüge nicht zerstört wird. Zudem klären die Organisationen die vor Ort lebenden Menschen auf, indem sie über Hunde und ihre Bedürfnisse referieren. Auch Tierheime vor Ort werden unterstützt, indem Futter gespendet wird, bauliche Maßnahmen umgesetzt werden und Hilfe bei der Betreuung der Hunde erfolgt.

## Mittelmeerkrankheiten

Die sogenannten „Mittelmeerkrankheiten" sollten jedem Menschen, der einen Hund aus diesen Gebieten aufnimmt, bekannt sein. Es ist wichtig, dass du dich mit den möglichen Folgen, wie z. B. hohen Tierarztkosten und der eventuellen Ein-

schläferung des Hundes, auseinandersetzt, bevor du dir einen solchen Hund holst. Viele Krankheiten können bereits durch einen Test nachgewiesen werden, sodass du dir zumindest darüber Klarheit verschaffen solltest, ob und welche Krankheiten der Hund hat, den du aufnehmen möchtest. So weißt du, auf was du dich einstellen musst und kannst im Bedarfsfall schnell mit der richtigen Behandlung reagieren, ohne erst noch nach den Ursachen forschen zu müssen.

### Borreliose

Borreliose ist eine Infektionskrankheit, die durch Bakterien von der Zecke (Holzbock, „Ixodes ricinus") übertragen wird. Die Krankheit bricht dabei oft erst Wochen nach dem Zeckenbiss aus, was eine Diagnose häufig erschwert. Hinzukommt, dass anfangs eher allgemeine Symptome wie Müdigkeit, Appetitlosigkeit und Fieber auftreten, die zu vielen verschiedenen Infektionskrankheiten passen können. Typisch für Borreliose sind jedoch Gelenkentzündungen. Kommt es daher immer wieder zu unerklärlichen Lahmheiten beim Hund, oft auch an verschiedenen Gelenken/Beinen, sollte eine Untersuchung in Bezug auf Borreliose spätestens jetzt erfolgen!
Im weiteren Verlauf können auch weitere Organe wie Herz und Nieren geschädigt werden. Borreliose wird mit Antibiotika behandelt, allerdings muss die Erkrankung rechtzeitig erkannt werden, da sonst keine dauerhafte Heilung möglich ist und immer wieder Schübe auftreten können. Vorbeugen ist besser als Behandeln! Daher sollte eine Prophylaxe durch ausreichenden Zeckenschutz (Zeckenhalsbänder, Spot-on-Präparate) durchgeführt werden. Besprich mit deinem Tierarzt, welche Produkte sich am besten für deinen Hund eignen.

### Babesiose (Piroplasmose, Hunde-Malaria)

Die Babesiose ist ebenfalls eine durch Zecken übertragene Krankheit. Die Babesien befallen die roten Blutkörperchen und zerstören sie. Der erkrankte Hund zeigt Symptome wie Übelkeit, Schwäche, hohes Fieber im späteren Stadium und dunklen Urin.
Wird die Babesiose rechtzeitig behandelt, sind die Chancen einer Heilung sehr gut. Bei späterer Erkennung führt sie sehr häufig zum Tod des Hundes! Die Babesiose wird durch Injektionen mit einem Antiprotozoikum behandelt. Auch hier gilt wieder: Vorbeugen ist besser als Behandeln!

### Ehrlichiose

Die Ehrlichiose ist ebenfalls eine Infektionskrankheit, die durch Bakterien (Ehrlichien) von Zecken übertragen wird. Die Ehrlichien befallen die weißen Blutkörperchen und schädigen das Immunsystem. Der erkrankte Hund zeigt oft keine Symptome, manchmal kommen hohes Fieber, Schwäche, Übelkeit, Erbrechen und Gelenkbeschwerden vor. Typisch ist ein Absinken der Thrombozyten, und somit eine Blutungsneigung.
**Behandlung:** Sie erfolgt durch eine Antibiotika-Therapie über mehrere Wochen. Wird die Ehrlichiose nicht behandelt, kann sie infolge der Blutungsneigung zum Tod des Tieres führen. Auch hier gilt wieder: Vorbeugen ist besser als Behandeln.

### Anaplasmose

Bei der Anaplasmose handelt es sich ebenfalls um eine durch Bakterien (Anaplasmen) übertragene Infektionskrankheit, die durch Anaplasma-Arten hervorgerufen und von Zecken übertragen wird. Anaplasmen befallen die Granulozyten bzw. die Thrombozyten, die Erkrankung verläuft in akuten

Links: Nach der Aufnahme des Hundes steht zunächst der gesundheitliche Check-Up bei deinem Tierarzt an!

und chronischen Phasen. In der akuten Phase kommt es zu Fieber, Apathie, Lethargie, Magen-Darm-Störungen, Nasenbluten, Zahnfleischbluten, Lahmheit etc. In der chronischen Phase treten Augenentzündungen, Lahmheit, neurologische Störungen auf. Zudem nehmen sowohl die roten als auch die weißen Blutkörperchen sowie die Blutplättchen ab. Die Symptome ähneln oft denen der Ehrlichiose.
**Behandlung:** Sie erfolgt durch eine Antibiotika-Therapie über mehrere Wochen. Wird die Anaplasmose nicht behandelt, kann sie infolge der Blutungsneigung zum Tod des Tieres führen. Auch hier gilt wieder: Vorbeugen ist besser als Behandeln.

### Leishmaniose

Überträger der Leishmaniose ist die Sandmücke, außerdem kann eine Übertragung während der Trächtigkeit von der Mutterhündin auf die Welpen stattfinden! Direkte Übertragungen von Hund zu Hund bzw. von Hund zu Mensch wurden bisher nicht nachgewiesen, können zurzeit jedoch auch noch nicht ausgeschlossen werden. Leishmaniose ist zwar nicht durch Hundebisse übertragbar, da im Speichel keine Leishmanien vorhanden sind. Auch über die Luft (Leishmanien sind an der Luft nicht lebensfähig!), Tröpfcheninfektion oder Körperausscheidungen wie Kot und Urin ist eine Übertragung nicht möglich. Allerdings sind im Wundsekret (nicht im Blut!) von Hunden, die an Leishmaniose erkrankt sind, Leishmanien nachweisbar. Hierüber könnte theoretisch eine Infektion erfolgen, wenn die Leishmanien direkt aus der Wunde in das Blut eines anderen Lebewesens gelangen!
Die Leishmanien befallen die weißen Blutkörperchen im Knochenmark und schädigen die Organe, besonders Leber, Milz und Nieren. Es können diverse Symptome auftreten, wie z. B. Durchfall, Lahmheit, allgemeine Trägheit und Appetitlosigkeit, begleitet von schleichendem Gewichtsverlust. Die Hunde vertragen Hitze schlecht, ermüden leicht und hecheln viel. Die Ohren sehen „ausgefranst" aus, es kommt zu Hautveränderungen und Haarausfall, die Krallen sind überlang und brüchig. Augenveränderungen, wie etwa Entzündung der Augenlider, Hornhaut oder Bindehaut, treten auf. Häufig findet man zudem eine verkümmerte Gesichtsmuskulatur, es kommt zu lokaler oder allgemeiner Lymphknotenschwellung, Nasenbluten und einem sonderbaren, faulig oder kotig erscheinenden Geruch.
**Behandlung:** Behandelt wird die Leishmaniose zumeist mit einer sehr teuren Chemotherapie mit Injektionen oder Infusionen. Unbehandelt ist Leishmaniose für Hunde meist tödlich. Nach Behandlung ist eine Heilung in wenigen Fällen bekannt, aber nicht die Regel. Auch hier gilt wieder: Vorbeugen ist besser als Behandeln.

### Hepatozoonose (Hepatitis)

Die Hepatozoonose wird von Protozoen (Hepatozoon canis) hervorgerufen. Die Übertragung von Hepatozoon canis erfolgt durch Verzehr der braunen Hundezecke (Rhipicephalus sanguineus), die den Erreger Hepatozoon canis enthalten kann. Das klinische Bild der Hepatozoonose ist nicht

**Mittelmeerkrankheiten sollten bekannt sein, um im Bedarfsfall schnell mit der richtigen Behandlung zu reagieren.**

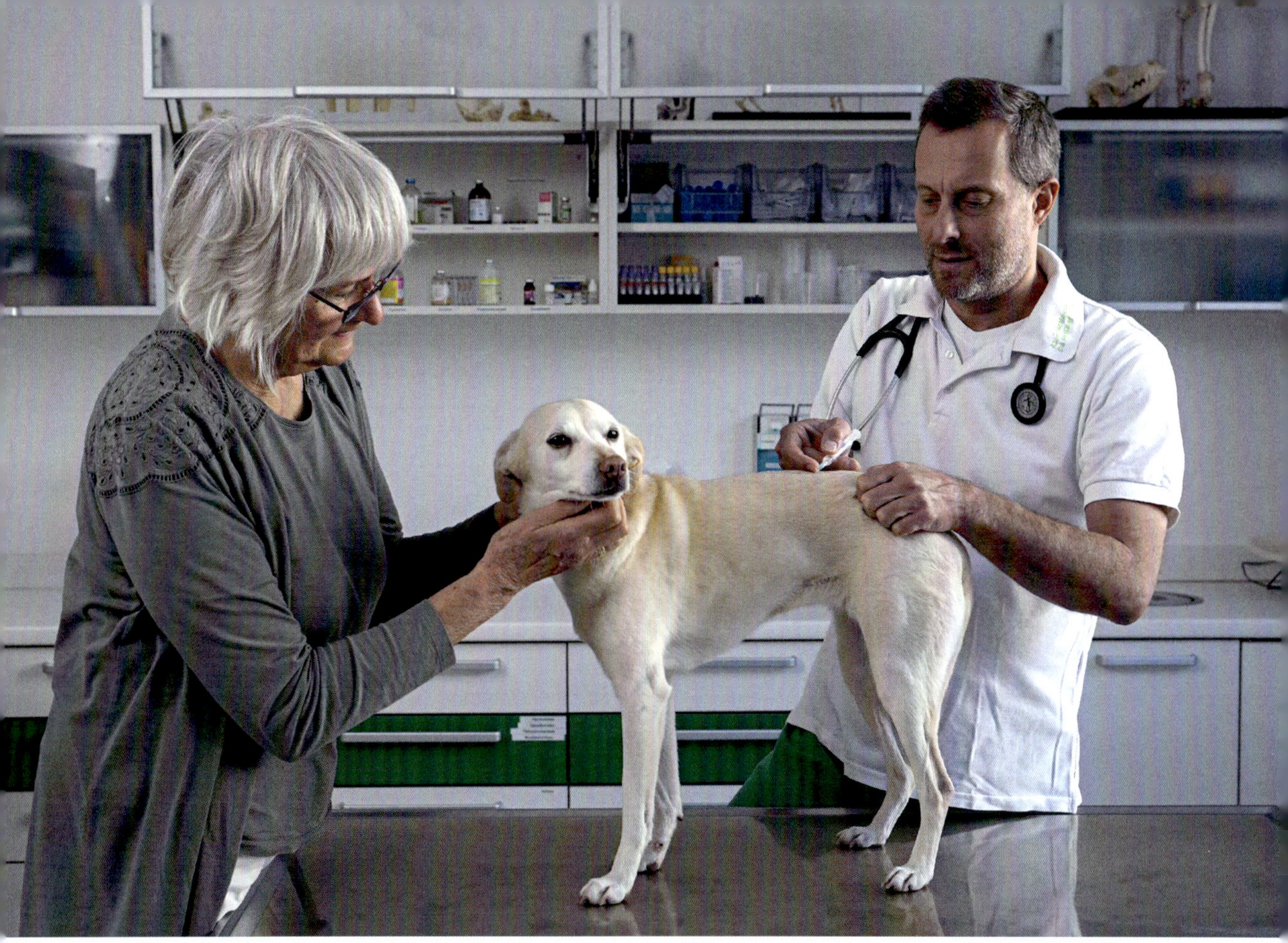

Jeder Hund sollte ausreichend geimpft sein, bevor er in seine neue Familie kommt. Ist kein Nachweis vorhanden, muss die Grundimmunisierung nachgeholt werden.

klar definiert, oftmals treten keine bzw. keine spezifischen Symptome auf, dennoch sollten diese Hunde nicht unnötig Stress ausgesetzt werden. In einigen Fällen sind aber auch dramatische Folgen wie Leber- und Nierenversagen, Beeinträchtigung des zentralen Nervensystems und epilepsie-ähnliche Krampfanfälle beschrieben!
**Behandlung:** Sie ist schwierig, da diese Krankheit noch nicht genügend erforscht ist und somit keine speziellen Medikamente eingesetzt werden können! Einige Hunde gesunden spontan, andere sterben, sodass auch eine Prognose über den Krankheitsverlauf nicht mit Sicherheit gestellt werden kann.
Der Name des Erregers ist etwas irreführend. Die Erkrankung ist keine Zoonose: Eine Gefahr für Menschen besteht nicht, eine Übertragung ist nicht bekannt. Auch ein Infektionsweg von Hund zu Hund ist unwahrscheinlich.

## Filariose

Die Übertragung der Fadenwürmer erfolgt je nach Art durch Stechmücken, Zecken oder Flöhe oder auch während der Trächtigkeit von der Mutterhündin auf die Welpen. Die Würmer befallen je nach Art Herz, Lunge sowie andere Organe, das Blut, das Bindegewebe oder die Haut. Der erkrankte Hund zeigt je nach Art unterschiedliche Symptome, wie z. B. Husten, Gewichtsverlust, Schwäche, Atemnot oder Hauterhebungen und Ekzeme, manchmal treten auch gar keine Symptome auf!
**Behandlung:** Die Filariose wird mit Injektionen durch ein Antiparasitikum behandelt. Bei rechtzeitiger Behandlung können die Würmer oft erfolgreich bekämpft werden, dies ist aber auch je nach Art unterschiedlich. Wird die Filariose nicht behandelt, führt sie zum Tod des Hundes. Auch hier gilt: Vorbeugen ist besser als behandeln!

Auch viele kleine Hunde warten im Ausland auf ihre neue Familie und sind bereit zur Ausreise.

## Flugpatenschaft

Soll ein Hund aus dem Ausland vermittelt werden, muss er zunächst einmal in das Zielland einreisen. In der Regel werden Hunde dabei von den Fluggesellschaften nicht allein transportiert, sie müssen begleitet werden. Ein Flugticket schließt sehr häufig jedoch den Transport eines Hundes mit ein, sodass für den Menschen, der aufgrund eines Urlaubs einen Flug gebucht hat, keine weiteren Kosten anfallen, wenn er auf seinen Namen, also auf sein Ticket, einem Hund die Ausreise ermöglicht. Aus diesem Grund bitten viele Tierschutzorganisationen Urlauber, als Flugpate bei der Rückreise, z. B. nach Deutschland, einen Hund mitzunehmen. Damit es bei der Einreise keine Probleme gibt, muss der Flugpate sich davon überzeugen, dass es sich um eine seriöse Tierschutzorganisation handelt.

### Abwicklung durch die Organisation

Die Tierschutzorganisation bleibt dabei weiterhin Eigentümer, der Hund muss also nicht in das Eigentum des Flugpaten wechseln. Er muss sich in aller Regel auch um nichts kümmern, die Organisation bringt den Hund in einer geeigneten und zugelassenen Box zum Flughafen. Sie kümmert sich auch um alle weiteren Bedingungen, die beachtet werden müssen. Für eine Einfuhr nach Deutschland aus EU-Mitgliedsländern gilt z. B., dass der Hund ausreichend geimpft (Tollwutimpfung vor mindestens 21 Tagen, frühestens im Alter von 12 Wochen) und gechipt ist, die Nachweise hierüber sind im EU-Heimtierausweis eingetragen. Der Hund wurde maximal 24 Stunden vor dem Transport von einem dazu berechtigten Tierarzt untersucht, das Ergebnis wurde ebenfalls im EU-Heimtierausweis eingetragen. Der Hund muss zudem via TRACES (Trade Control and Expert System) gemeldet worden sein und eine entsprechende Bescheinigung mit sich führen. Damit sind Transporte auch an den Grenzkontrollen der Flughäfen für die Veterinärbehörden einsehbar.
Die Organisation beachtet, dass beim Transport die Auflagen der EU-Tiertransportverordnung eingehalten werden, die Hunde also z. B. spätestens nach acht Stunden mit Wasser, und nach

24 Stunden mit Futter versorgt werden. Zudem werden bei der Einreise die jeweils gültigen Transportvorgaben in Bezug auf die Unterbringung des Hundes eingehalten. In Deutschland ist hierfür die Tierschutztransportverordnung zuständig, welche z. B. die Maße der Box in Abhängigkeit von der Widerristhöhe des Hundes angibt.

### Papiere vorab prüfen!

**Wichtig:** Wird der Flugpate im EU-Heimtierausweis des Tieres, das er begleiten soll, als Eigentümer eingetragen, gilt dies als privater Transport. Solche Transporte unterliegen jedoch anderen Vorgaben als gewerbliche Transporte, zu denen die Einfuhr von Hunden durch Tierschutzorganisationen zählen. Bei einem privaten Transport braucht der Hund z. B. weder eine Gesundheitsbescheinigung noch muss der Transport in der Datenbank TRACES angemeldet sein, der Hund braucht also keine TRACES-Bescheinigung. So entfällt jedoch ein wichtiger Teil des Gesundheitsschutzes, der durch diese Auflagen sichergestellt werden soll. Prüfe daher vor der Übernahme einer Flugpatenschaft immer, ob der Hund die Bescheinigung der Gesundheitsüberprüfung sowie die TRACES-Bescheinigung mit sich führt, und ob als Eigentümer die Organisation im EU-Heimtierausweis eingetragen ist. Überprüfe auch, ob die Organisation eine Genehmigung nach § 11 DTSchG besitzt. Im Idealfall erhältst du alle diese Informationen einschließlich der Telefonnummer eines 24 Stunden erreichbaren Ansprechpartners der Organisation vorab. Da du als Flugpate rechtlich verantwortlich für den Transport und die Einfuhr des Hundes bist, können hohe Kosten für dich entstehen, wenn die oben genannten Auflagen nicht eingehalten werden.

### ÜBERSICHT: MERKMALE SERIÖSER TIERSCHUTZORGANISATIONEN

- eingetragener Verein
- in Deutschland: Bescheinigung nach §11 DTSchG
- informative Webseite mit Impressum und ausführlichen Informationen zur Vermittlung
- genaue Informationen zum zu vermittelnden Hund
- Vermittlungsgespräch mit Fragen zum zukünftigen Lebensumfeld des Hundes
- Testung des Hundes auf Mittelmeerkrankheiten und Quarantäne bis zum Transport
- Import- und Transportvorschriften werden eingehalten
- Transporte werden über TRACES abgewickelt.
- Pflegestelle mit Möglichkeit zum persönlichen Kennenlernen des Hundes, keine Übergabe am Flughafen/auf dem Rastplatz
- Vermittlungsvertrag mit Vermittlungsgebühr
- Übergabe aller zum Hund gehörenden Unterlagen
- Ansprechpartner bei Fragen und Problemen
- im Notfall Rücknahme des Hundes auf eine Pflegestelle
- Nachkontrolle im neuen Zuhause einige Zeit nach der Vermittlung
- Neben der Vermittlung unterstützt die Organisation Kastrationsaktionen, klärt die Bevölkerung vor Ort auf und unterstützt Tierheime vor Ort.

# Filou – ein Hund aus Rumänien

**Jessica Riedle, Martin Rütter Hundeschule Landau in der Pfalz**

Vor ein paar Jahren erfüllte ich mir meinen Kindheitstraum mit meinem ersten eigenen Hund aus dem Tierschutz. Filou kommt aus Rumänien und kam im Januar 2019 zu mir. Ich hatte keine Erfahrung mit Hunden und suchte daher einen Anfängerhund. Ich hatte mich für einen Hund aus dem Ausland entschieden, da ich einem Hund, der bisher nicht so viel Glück im Leben gehabt hatte, ein neues Zuhause geben und ein schöneres Leben ermöglichen wollte.

Filou besuchte ich zum ersten Mal auf der Pflegestelle und bekam einen guten Eindruck von ihm. Alles schien perfekt zu passen, und so traf ich die Entscheidung, ihn aufzunehmen. Doch irgendwie kam es ganz anders, als ich es mir vorgestellt hatte. Am ersten Tag backte Filou noch kleine Brötchen. Er traute sich nicht einmal, sich draußen zu lösen. Doch es dauerte nicht lange, da zeigte Filou, was in ihm steckte. Bereits in der dritten Nacht konnte ich kaum noch schlafen, denn er bellte dauerhaft, Tag

Wenn der Name zum Programm wird: Filou, ein richtiger Lausbub, der es „faustdick hinter den Ohren hat"!

und Nacht. Bei jedem kleinsten Geräusch schlug er an, selbst telefonieren war unmöglich. Wollte ich Filou kämmen oder ihm die Pfoten sauber machen, zeigte er mir die Zähne. Selbst Spaziergänge waren kein Spaß. Durch seinen starken Jagdtrieb zog er mich permanent durch den Wald und hatte keine Lust, sich mit mir zu beschäftigen, und auch sonst zog er mich von A nach B. Draußen war er Selbstversorger und sammelte alles ein, was essbar war. An der Leine zeigte er Aggressionsverhalten gegen Autos, andere Hunde, Jogger, Pferde und vieles mehr. Filou hing bellend in der Leine, sodass die Menschen nur kopfschüttelnd an mir vorbeigingen und ihre Kinder hinter sich versteckten. Einmal riss er sich auf dem Feld los und rannte einem Auto mit Pferdeanhänger hinterher. Er war so schnell, dass ich nicht mehr hinterherkam und ihn schließlich aus den Augen verlor. Ich rannte weiter, bis ich auf eine Frau stieß, die mit ihrem eigenen Hund unterwegs war. Die Frau hielt auf der einen Seite Filou und auf der anderen ihren eigenen Hund fest, sie hatte Mühe, Filou von ihrem Hund fernzuhalten. Ich war fix und fertig und vor allem schockiert. Hinzu kam noch seine ernstzunehmende Futteraggression. Einmal bereitete ich sein Futter bei meinen Eltern in der Küche vor. Filou vertrieb die beiden bellend aus der Küche und ließ sie nicht mehr herein.

Mir war klar, dass ich etwas tun musste, und so besuchte ich eine Hundeschule in der Umgebung. Die erste Gruppenstunde bellte Filou komplett durch, sodass ich nicht eine Übung mit ihm machen konnte. Am Ende der Stunde stellte mir ein anderer Teilnehmer die Frage, ob ich ihn nicht wieder zurückgeben wollte, doch das war absolut unvorstellbar für mich. Ja, es war nicht leicht mit ihm und ja, er machte mir den Alltag wirklich schwer, aber ich hatte mich dazu entschieden, ihn aufzunehmen und wollte alles dafür tun, dass wir beide ein gutes Team werden. Schließlich stieß ich im Internet auf eine Martin Rütter Hundeschule und lernte, Filous Verhaltensweisen zu verstehen. Endlich gab es einen Lichtblick für uns.

Es war kein leichter Weg, aber er lohnte sich. Wir hatten unsere Höhen und Tiefen, doch heute sind wir ein tolles Team und ich kann mir Filou gar nicht mehr aus meinem Leben wegdenken. Er hat mein Leben komplett verändert. Durch ihn bin ich heute selbst als Martin Rütter Hundetrainerin tätig. Niemals hätte ich mir vorstellen können, dass ich Filou eines Tages frei laufen lassen kann. Und heute kann ich ihn sogar von einem Reh abrufen! Selbst seine Futteraggression haben wir gut in den Griff bekommen, er apportiert mir sogar einen Apfel. Früher schüttelten die Leute nur den Kopf, wenn sie uns sahen. Heute werden wir gelobt, wie vorbildlich Filou sich benimmt. Inzwischen werden wir nicht selten für Fotoshootings gebucht, da Filou so einzigartig aussieht, sodass ihm alle Herzen sofort zufliegen, und er mit seinem guten Trainingsstand alle begeistert. Ich bin unendlich stolz auf ihn und auf das, was wir gemeinsam geschafft haben.

Filou: ein wahrlich einzigartiger Hund!

# Auf der Suche nach dem passenden Hund

Für die erste Auswahl des Hundes kannst du in der Regel das Internet nutzen und dir so bereits ein erstes „Bild" vom Hund machen.

Fotos und Beschreibungen bieten einen ersten Eindruck des zu vermittelnden Hundes. Scheint ein Hund in Bezug auf Eigenschaften und Aussehen zu dir und deiner Familie zu passen, steht im nächsten Schritt der persönliche Kontakt mit dem Vermittler an. Dabei solltest du diesem gezielt Fragen zum Hund stellen.

Allerdings musst du darauf achten, möglichst offene Fragen zu stellen, der Vermittler soll nicht nur mit „ja" oder „nein" antworten, sondern möglichst viel vom Hund erzählen. Denn gerade in den „Nebensätzen" erfährst du häufig einiges über deinen zukünftigen Hund (siehe Fragenkatalog).

**FRAGENKATALOG**

- Unter welchen Erkrankungen leidet der Hund, welche Medikamente muss er einnehmen?
- Welches Futter verträgt der Hund? Gibt es bekannte Nahrungsunverträglichkeiten?
- Wie verhält sich der Hund beim Kontakt mit fremden Artgenossen?
- Wie verhält sich der Hund beim Kontakt mit anderen Tieren wie z. B. Katzen?
- Welche Erfahrungen gibt es in Bezug auf den Kontakt des Hundes mit Kindern?
- In welchen Situationen zeigt der Hund ängstliches oder aggressives Verhalten?
- In welchen Situationen zeigt der Hund jagdliches Verhalten?

## Kennen- und einschätzen lernen

Gibt es aufgrund der weiteren Beschreibung des Vermittlers keine Bedenken, solltest du den Hund persönlich kennenlernen. Bist du dir nicht sicher, dass du den Hund und sein Verhalten gut einschätzen kannst, solltest du einen professionellen Hundetrainer hinzuziehen, der den Hund in unterschiedlichen Situationen testet (siehe „Testung eines Hundes, S. 86 ff.).

### Testauswertung

Im Anschluss an den Test wird der Hundetrainer dir das Verhalten des Hundes in jeder Testsituation erklären. In einem Vorgespräch hat er sich erkundigt, welche Ansprüche du an deinen zukünftigen Hund hast und wie dein Alltag aussieht. So kann er dir nach dem Test seine Einschätzung darüber

Nach dem Test durch einen Hundetrainer, ist es Zeit, selbst Kontakt zum ausgewählten Hund aufzunehmen.

mitteilen, ob der Hund zu dir passen wird. In diesem Fall nimmst du nun selbst einmal Kontakt zu ihm auf. Lerne den Hund kennen, indem du ihn streichelst, mit ihm spielst, Futtersuchspiele mit ihm machst und letztlich auch einmal mit ihm spazieren gehst.

### Kennenlernen der Familie

Erst wenn sowohl der Hundetrainer als auch du davon überzeugt seid, dass der ausgewählte Hund in deine Familie passt, werden in einem weiteren Termin die restlichen Familienmitglieder miteinbezogen. Leben Kinder in der Familie, muss das Verhalten des Hundes mit diesen ebenfalls überprüft werden. Viele Tierschutzorganisationen geben den Hund nun für eine kurze Zeit zum sogenannten „Probewohnen" mit. Denn so sinnvoll Tests auch sind, der Hund wird sich in einer anderen Umgebung gegebenenfalls ganz anders verhalten als zuvor. Selbstverständlich wird ein Hund nur dann zum Probewohnen ausziehen, wenn alle Beteiligten davon überzeugt sind, dass eine Vermittlung erfolgreich sein wird. Denn natürlich soll der Hund nicht ständig ausziehen, um dann, wenn man feststellt, dass es doch nicht passt, wieder zurück ins Tierheim zu müssen.

**ZEIT FÜR DIE ENTSCHEIDUNG!**

In jedem Fall solltest du eine Nacht darüber schlafen, bevor du eine Entscheidung darüber triffst, den Hund zu dir zu holen. Denn die Aufnahme eines Hundes soll eine Entscheidung fürs Leben sein – und das bedeutet je nach Hund für bis zu 15 Jahre oder sogar noch länger.

# Testung
## — eines Hundes

01

02

### 01 Erste Einschätzung

Der Trainer wird sich den Hund zunächst einmal einfach nur im Freilauf anschauen, um zu sehen, welche Verhaltensweisen dieser ohne äußere Stimulation zeigt. Ist er eher territorial und läuft das Gelände ab oder zeigt er eher jagdliches Verhalten und läuft schnüffelnd und Spuren suchend über das Gelände? Hält er sich von den Menschen fern oder sucht er deren Nähe? Bei diesem Test erhält der Trainer Hinweise auf den generellen Charakter des Hundes.

### 02 Aktive Kontaktaufnahme

Danach nimmt der Hundetrainer aktiv Kontakt mit dem Hund auf. Kommt dieser zu ihm und lässt sich anfassen oder weicht er eher aus und lässt keinen körperlichen Kontakt zu? Hierbei kann die Sicherheit des Hundes im Umgang mit Menschen überprüft werden.

### 03 Reaktion auf Objekte

Wie reagiert der Hund, wenn ein ungewöhnlicher Gegenstand wie z. B. eine große Pylone oder ein großer Ball auf die Wiese geworfen wird? Nähert sich der Hund dem Objekt und erkundet es? Zeigt er Spielverhalten? Oder weicht er zurück und verbellt das Objekt? Nähert er sich danach dann wieder dem Objekt an? Bei diesem Test zeigt sich die Sicherheit und Souveränität des Hundes in ungewöhnlichen Situationen.

03

04

### 04 Verhalten bezüglich Nahrung

Um das Verhalten des Hundes mit Nahrung zu überprüfen, stellt der Hundetrainer dem Hund eine kleine Portion Futter in einem Napf hin. Nun beobachtet er, wie der Hund reagiert, wenn er sich diesem nähert, während der Hund frisst. Bleibt er entspannt und frisst einfach weiter oder zeigt er aggressives Verhalten, wird steif und knurrt zur Warnung, damit der Mensch stehenbleibt? Bleibt der Hund entspannt, nimmt der Trainer dem Hund den Napf während des Fressens weg. Er kann dem Hund auch verbieten, erneut an das Futter zu gehen. Natürlich soll man Hunde nicht ständig beim Fressen stören. Dennoch kann es immer einmal zu einer Situation kommen, in der man dem Hund Fressbares abnehmen muss. Daher ist es wichtig, zu wissen, wie ein Hund in einer solchen Situation reagieren wird.

05.1

05.2

### 05 Interessen

Im Anschluss daran überprüft der Hundetrainer, für welche Beschäftigungsformen sich der Hund interessiert. Dazu wirft er zunächst Futter auf die Wiese, welches der Hund dann suchen darf. Ist dieser überhaupt an dem Futter interessiert? Sucht er intensiv und bleibt dran, bis jeder Brocken gefunden wurde oder zeigt er nur wenig Interesse am Futter und setzt die Nase kaum ein? Lässt er sich ansprechen und vom Futter wieder abrufen? Wie reagiert er auf die Ansprache? Aufgeregt, nervös oder aggressiv?

06.1

### 06 Umgang mit Beute

Nun wird noch der Umgang mit Beute getestet. Der Hundetrainer motiviert den Hund mit einem Gegenstand, den er im Anschluss daran wegwirft. Er beobachtet nun, ob der Hund am Gegenstand interessiert ist. Rennt er hinterher und nimmt diesen auf? Kommt er mit dem Gegenstand dann wieder zum Menschen zurück, wenn dieser ihn lockt? Gibt er den Gegenstand ab? Und was passiert, wenn der Hundetrainer den Gegenstand dann nicht direkt wieder wirft? Wird der Hund ungeduldig, beginnt zu bellen und springt ihn vielleicht sogar an?

06.2

07

## 07 Kontakt mit anderen Hunden

Auch wenn noch kein Hund bei dir lebt, und der ausgewählte Hund dein erster Hund werden wird, ist es wichtig, zu wissen, wie er sich im Kontakt mit anderen Hunden verhält, denn heutzutage trifft man ständig auf andere Hunde: in der Stadt, im Park, beim Tierarzt etc. Daher wird der Hundetrainer nun den Hund im Umgang mit einigen anderen Hunden beobachten. Versteht er sich sowohl mit Hündinnen als auch mit Rüden? Ist er eher unterwürfig oder sucht er die direkte Konfrontation?

08.1

## 08 Eignung als Zweithund

Lebt bereits ein Hund bei dir, solltet ihr prüfen, wie die beiden Hunde aufeinander reagieren. Damit dein hoffentlich zukünftiger Hund jedoch nicht überfordert wird, solltet ihr diesen Test besser am nächsten Tag durchführen. Zu viele Tests hintereinander sind für einen Hund anstrengend und können ihn stressen, und damit sein Verhalten in folgenden Situationen beeinflussen. Es kann daher zu einer aggressiven Reaktion des Hundes auf deinen bisherigen Hund kommen, einfach nur deshalb, weil der Hund nicht mehr in der Lage ist, entspannt auf neue Situationen zu reagieren.

08.2

# Tiril –
# aus der Smeura in ein neues Leben

**Christiane Rauche-Hassenpflug, Martin Rütter Hundeschule Bad Hersfeld/Fulda**

„Bist du sicher? Wieder einen Tierschutzhund?" Das waren die Reaktionen aus meinem nahen Umfeld, als ich verkündete, mir nach mehr als zwei Jahren „Hundelosigkeit" einen Hund aus dem Tierschutz zu holen. Mein letzter Hund, Tangens, ein Rhodesian Ridgeback-Rüde, war aus zweiter Hand und so verkorkst, dass er mein Leben sehr eingeschränkt hatte. Es war die Zeit nach der Kontaktsperre aufgrund von Corona. Man durfte wieder reisen und ich kam gerade aus meinem ersten Norwegen-Urlaub, in dem mir klargeworden war, dass es Zeit für einen neuen Hund in meinem Leben wurde.

Diesmal sollte es eine kleine bis mittelgroße Hündin werden. Meine Vorauswahl auf der Tierheim-Homepage fiel auf Lorena und ich vereinbarte einen Besuchstermin. Mit einem alarmierenden Bellen preschten beim Betreten des Tierheims alle Hunde an die Gitter ihrer Ausläufe. Es war schon ein bedrückendes Gefühl, wie die Kleinen durch die Gitterstäbe schauten. Beim Betreten des Zwingers gingen alle sofort ängstlich auf Abstand und waren noch nicht einmal für Futter zu haben, auch Lorena nicht. An der Leine war sie zu keinem einzigen Schritt zu bewegen, und auch nach einer Viertelstunde vor dem Tierheim auf meinem Schoß sitzend, zitterte sie immer noch am ganzen Leib. Doch dann war da noch Heidi, ein kleines, blondes Rauhfell mit Schnauzerbärtchen. Nach kurzem Zögern nahm sie Futter aus meiner Hand und ließ sich sogar auf ein kleines Ballspiel ein. Mir war klar, dass sie besser in mein Leben und meinen Alltag passte.

Links: Mischlingshündin Heidi heißt jetzt Tiril und hat bei Christiane ihr Traum-Zuhause gefunden!

Heidi heißt nun Tiril, benannt nach einer sehr sympathischen, blonden und schnellen, norwegischen Biathletin, und lebt seitdem bei mir. Auch sie ist blond und schnell, und eine Jägerin – allerdings nicht auf Skiern.

Die erste Zeit war schwierig für meine aus der Smeura in Rumänien stammende Tiril. Extrem unsicher erkundete mein „Wölfchen" mit mir die nähere Umgebung. Für uns Alltägliches war für sie „wie von einem anderen Stern". Autos, Fahrräder, Inliner, Aufzüge – alles war neu für sie. Ich ließ ihr die Zeit, sich alles in Ruhe aus sicherer Distanz anzuschauen. Auch um Männer machte sie einen großen Bogen. Doch schon bald lernte sie, dass sie von den Männern leckere Fleischwurstwürfelchen bekam und von ihnen offensichtlich keine Gefahr ausging.

Tiril liebt andere Hunde. Ein paar Tage nach ihrem Einzug nahm ich sie mit in eine Gruppenstunde. Was hatte sie für einen Spaß in der Freilaufrunde! Noch heute möchte sie unbedingt mit auf die Trainingswiese, hatte sie dort doch die tollen, positiven Hundekontakte nach dem aufregenden Umzug in das neue Zuhause gehabt.

Nach und nach vergrößerten wir auch den Radius um unser Haus. Tiril konnte sich auf mich als Schutzschild verlassen und auch das Schnauzer- und Terrier-Gen in ihr half ihr, neugierig und selbstbewusster durchs Leben zu gehen. Heute stolziert Tiril beim Anblick fremder Menschen und Hunde aufrecht und mit erhobener Rute neben mir durch „ihre Hood".

Allerdings gibt es auch heute noch immer Situationen, in denen Tiril urplötzlich in Angst gerät. Bestes Beispiel dafür ist das Fotoshooting für dieses Buch: Wir machten Fotos mit Martin im Innenraum. Aufgrund der Wärme an diesem Tag wurde der Deckenventilator eingeschaltet. Voller Panik versuchte Tiril, das Haus zu verlassen. Zum Glück waren alle Türen geschlossen, denn in Panik funktionieren selbst das ansonsten zuverlässig aufgebaute Stopp-Signal und der Rückruf nicht. Auch bei ungewohnten Geräuschen gerät sie manches Mal in Stress: So schreckt das kleine Wölfchen bei kleinsten Geräuschen sogar selbst aus dem tiefsten Schlaf hoch ... mit einem markerschütternden, alarmierenden Bellen.

Links: Tiril bleibt eine unsichere Hündin, auch wenn sie mit Hilfe von Christiane viel selbstsicherer wurde.

## Pflegestelle werden

Wer sich noch nicht sicher ist, welcher Hund einziehen soll bzw. ob ein Hund generell zum Leben passt, kann auch selbst Pflegestelle werden. Viele Tierschutzorganisationen suchen Menschen, die Hunden übergangsweise ein Heim bieten. Diese Hunde leben dann eine Zeitlang in der Pflegefamilie, bis sich jemand gefunden hat, der sie aufnehmen und ihnen ein dauerhaftes Zuhause bieten möchte. Der Hund lebt dabei wie ein eigener Hund in der Familie, die Kosten für die Versorgung und tierärztliche Betreuung übernimmt dabei jedoch meist die jeweilige Tierschutzorganisation. Die Pflegefamilie betreut den Hund und bereitet ihn auf sein späteres Leben vor.

### Zur Familie passende Hunde

Natürlich sollte man bei der Auswahl des Pflegehundes ebenfalls darauf achten, dass der Hund grundsätzlich zur Familie passt. Man muss sich daher gut vorab überlegen, mit welchen Eigenschaften des zukünftigen Pflegehundes man leben kann und welchen Charakter bzw. welche Probleme der Pflegehund keinesfalls mitbringen sollte. Aus diesem Grund wird eine seriöse Tierschutzorganisation auch vorab die gesamte Familie sowie das Wohnumfeld kennenlernen wollen, bevor sie einen Hund in deren Obhut gibt. Denn der Hund verbleibt ja im Besitz der Tierschutzorganisation, diese ist somit weiterhin für alles rund um den Pflegehund verantwortlich.

Carina wurde zum Pflegestellenversager: Die Herdenschutzhund-Mischlingshündin Tavi durfte bleiben.

## Eignung als Pflegestelle

Allerdings solltest du vorab prüfen, ob du als Pflegestelle geeignet bist. Der neue Hund wird verunsichert bei dir ankommen und du musst ihm helfen, den Stress des Transportes zu überwinden. Du musst dich um seine gesundheitlichen Probleme kümmern und ihn in kleinen Schritten auf sein zukünftiges Leben in einer Familie vorbereiten. Kommen Interessenten, musst du dir Zeit für diese nehmen, damit die vielleicht zukünftige neue Familie den Hund ganz in Ruhe, und das gegebenenfalls auch mehrfach, kennenlernen kann. Fragen der Interessenten musst du ehrlich beantworten, dazu ist es wichtig, dass du den Hund während der Pflegezeit in den unterschiedlichsten Situationen beobachtest. Doch es ist vorab nie sicher, wann ein Hund vermittelt werden wird. Unter Umständen kann dies bis zu mehreren Monaten dauern. Aber du musst den Hund auch gehen lassen können, wenn ein geeignetes Zuhause für ihn gefunden wurde. Ein solcher Abschied kann, gerade nach einer längeren Pflegezeit, insbesondere für die Pflegefamilie sehr schwer werden.

Oft läuft es dann jedoch ganz anders ... Viele Hunde, die als Pflegehund eingezogen sind, haben sich heimlich in das Herz ihrer Menschen geschlichen und durften dann dauerhaft bleiben. In Tierschutzkreisen werden diese Menschen liebevoll als „PSV", als Pflegestellenversager bezeichnet.

Links: Wer kann diesem Blick widerstehen? Die Pflegefamilie von Tavi jedenfalls nicht, denn sie durfte für immer bleiben.

# Emma – ein Hund sucht sich sein Zuhause

**Martin Rütter und Emma**

Die Geschichte, wie Emma und ich zusammengefunden haben, ist so skurril, dass sie schon fast unglaubwürdig klingt. Ich habe zu der Zeit in Köln-Lindenthal gewohnt, also mitten in der Stadt. Ich war gerade auf dem Weg zur Tour, packte meinen Koffer und wollte los. Da saß dieser Hund vor meiner Tür, lief wie selbstverständlich an mir vorbei, rannte ins Wohnzimmer, schnüffelte alles ab, sprang auf die Couch und legte sich hin.

Mir war sofort klar: Das kann nur Guido Kanz sein, der mich mit „Verstehen Sie Spaß" hereinlegen wollte. Daher dachte ich nur: „Okay, jetzt cool bleiben!" Ich habe mich neben Emma gesetzt, den Fernseher eingeschaltet und mich so verhalten, als wäre das bei mir als Hundeprofi völlig normal, dass Hunde vor meiner Tür auftauchen.

Emma war sehr verunsichert, lief immer wieder unruhig herum, kam aber dann wieder auf die Couch und ließ sich streicheln. Als dann nach 20 Minuten keiner aus dem Schrank kam, um die Aktion mit der versteckten Kamera aufzulösen, war mir klar, hier stimmt etwas nicht. Ich hatte zu der Zeit ja gerade keinen eigenen Hund. Also habe ich Emma angeleint und bin mit ihr auf die Straße gegangen, um herauszufinden, zu wem sie wohl gehört. Irgendwann kam jemand, der dann sagte: „Ach, den Hund kenne ich, der wohnt hier eine Straße weiter." Also habe ich dort geklingelt, den Hund wieder abgegeben und gesagt: „Gucken Sie mal, das ist doch ein junger, temperamentvoller Hund, da müssen Sie besser aufpassen."

Ich fahre also zur Tour, komme am Wochenende nach Hause, gehe morgens aus dem Haus, da sitzt original dieser Köter wieder da. Da war ich echt stinksauer. Einmal, okay, das kann ja passieren, man kann nicht immer die volle Kontrolle haben. Aber beim zweiten Mal, da habe ich gedacht, die spinnen doch, und bin richtig sauer hingestapft. Es war aber keiner zu Hause ...

So habe ich bei den Nachbarn geklingelt und gefragt, wann denn die Leute wieder da sind. Die Antwort war, dass sie auf Mallorca Urlaub machen. Die würden den Hund relativ regelmäßig auch gern mal über Tage allein lassen. Sie werfen Futter in den Garten und dann passt das schon! Das gibt's doch nicht, habe ich mir gedacht und die Telefonnummer der Tochter ausfindig gemacht. Als ich sie darüber informierte, dass der Hund mal wieder ausgebüchst und jetzt bei mir wäre, meinte sie nur, das wäre schon okay. Ich habe ihr dann gesagt, sie solle jetzt sofort kommen und den Hund abholen. Da antwortete sie, dass das jetzt gerade schlecht wäre, aber sie könnte heute Abend kommen. Lange Rede, kurzer Sinn, sie hat es an dem ganzen Tag nicht geschafft, den Hund abzuholen. Als Studentin ist man natürlich beschäftigt.

Emma und Martin Rütter: Zwei, die einfach zusammengehören.

Emma: Als junger Hund eine echte Rakete und damit eine große Herausforderung, selbst für einen Profi wie Martin.

Ich war wirklich so empört und fassungslos darüber, wie man so drauf sein kann. Ich habe dann recherchiert, dass Emma schon als Welpe 15 Stunden lang allein gelassen worden war. Sie kannte wirklich gar nichts, hatte Angst vor Menschen, pinkelte sich ein, wenn jemand etwas von ihr wollte. Als die Leute dann wieder aus Mallorca zurück waren, habe ich mich mit der Frau unterhalten, und sie erklärte mir dann unter Tränen, dass sie gerade eine schwierige Phase hätte, vom Mann getrennt wäre und gar nicht weiterwüsste. Innerhalb von fünf Minuten haben wir uns dann auf einen Kaufpreis geeinigt, und dann hatte ich Emma an der Backe.

Ich kann wirklich sagen, dass es keine Liebe auf den ersten Blick war, weil Emma vom Typ her gar nicht zu mir passte. Ich brauche ja einen Hund, der einfach so mitlatscht, der trödelig und phlegmatisch ist, so wie es Mina war, meine erste Hündin. Und Emma ist ja eher eine richtige Rockerin gewesen, die zudem gar nichts kannte. Daher war mein Plan, dass ich sie jetzt mal drei Monate lang gesellschaftstauglich mache und dann jemanden für sie finde.

Ich bin ja fest davon überzeugt, dass jeder Mensch den Hund bekommt, den er verdient hat, und dass jeder Hund immer auch eine Challenge ist. Ich war durch Mina ja etwas ganz anderes gewohnt und hatte einfach überhaupt kein Gefühl mehr dafür, wie es ist, mit einem echt komplizierten Hund zusammenzuleben, und das hat Emma auf jeden Fall geschafft. Die ersten 1,5 Jahre waren so brutal hart für mich und so anstrengend und fordernd, dass ich sagen kann, dass ich mich auch als Hundetrainer noch einmal neu entdeckt habe. Denn ich habe in einer Phase, in der ich dachte, ich habe jetzt alles schon hundertmal gesehen, einen ganz neuen Blick für die Probleme mit Hunden bekommen.

Emma war als junger, sehr temperamentvoller Hund so lange allein, da stand danach kein Stuhl mehr auf dem anderen. Dann kam die Halterin nach Hause und hat sie beschimpft, weil ja alles kaputt war, also aus meiner Sicht hat sie in den ersten 10 Monaten ihres Lebens die Hölle auf Erden gehabt. Man kann sich wirklich nicht vorstellen, wie sie mich gefordert hat. Emma war gut zwei Wochen bei mir, als ich auf Tour in die Dortmunder Westfalenhalle musste. Emma hatte ich ja von Anfang an immer mit auf Tour. Ich bekam an dem Abend einen Sold-Out-Award überreicht. Der Hallenchef kam dann zu mir und sagte, das hätte er auch noch nicht erlebt. Sie hätten Frank Sinatra hier gehabt mit 4,0 Promille, sie hätten ACDC hier gehabt, aber keiner hätte es geschafft, die Garderobe so zu zerstören und zu verwüsten, wie der Hund von Martin Rütter. Emma hatte den kompletten Teppich herausgerissen, Fußleisten abgemacht, Kissen zerstört und sogar versucht, die Türzarge zu zerfressen. Sie hatte so viel Stress damit, dass sie jetzt auch von mir wieder alleingelassen wurde.

Auch körperlich war sie in einem sehr schlechten Zustand, war kaum bemuskelt, hatte keine Ausdauer, sie schaffte nicht einmal einen Spaziergang von 10 Minuten. Und heute, da muss man schon sehr lange mit dem Fahrrad unterwegs sein, bis sie sagt, jetzt kann ich nicht mehr. Man kann wirklich sagen, heute ist sie angekommen, aber das war echt viel Arbeit.

So klappt das

# Zusammen—leben

# Gut vorbereitet auf das neue Familienmitglied

Endlich ist es soweit, du hast deinen Hund gefunden, mit der Tierschutzorganisation ist alles abgesprochen und du kannst dich auf den Weg machen, um ihn in sein neues Zuhause zu holen.

Zuvor solltest du aber deine Wohnung auf die Ankunft deines neuen Familienmitglieds vorbereitet haben. Damit ist gar nicht mal gemeint, dass du ausreichend Zubehör wie Leine, Halsband, Geschirr, Körbchen, Napf, Spielzeug, Bürste, Zeckenzange etc. anschaffst, wobei auch das natürlich wichtig ist.

## Wohnung sichern

Je nachdem, woher dein neuer Hund kommt und wie alt er ist, solltest du deine Wohnung und alles, was dir darin lieb ist, sichern. Welpen und junge Hunde sind in aller Regel noch nicht stubenrein, aber auch ein Hund, der bisher nur draußen oder in einem Stall gelebt hat, weiß vermutlich noch nicht, dass er sich nicht auf dem aus seiner Sicht wunderbar saugfähigen Perserteppich lösen soll. Genauso weiß dein Hund natürlich noch nicht, welche Gegenstände „dir" gehören, und dass er diese nicht als Kauartikel oder Spielzeug benutzen darf. Damit es gar nicht erst zu einer für deinen Hund unangenehmen Situation kommt, wenn du ihm aufgeregt hinterherrennst, weil er deine Brille vom Wohnzimmertisch geklaut hat, solltest du Gegenstände wie Brille, Smartphone, Fernbedienung, Kopfhörer etc. wegräumen, sodass dein Hund sie gar nicht erst erreichen kann.

## Ausbruchsicherer Garten

Auch im Garten solltest du überprüfen, ob alles für die Ankunft deines neuen Hundes vorbereitet ist. Der Zaun um deinen Garten muss so hoch sein, dass dein Hund nicht einfach drüberspringen kann. Er weiß ja noch nicht, dass er ab sofort bei dir zu Hause ist und was alles zu eurem Zuhause gehört. Je nach Größe deines Hundes muss der Zaun mindestens 1,5 bis 1,8 Meter hoch sein, für manche Hunde reicht selbst diese Höhe nicht, da sie am Zaun hochklettern. Dann hilft nur ein Winkel am oberen Zaunende, sodass der Zaun

Räume alles, was wertvoll ist, aus der Reichweite deines neuen Hundes, um Schäden zu vermeiden.

Wenn dein neuer Hund einzieht, solltest du dir Urlaub nehmen, damit du Zeit für ihn hast.

oben nach innen abgewinkelt ist. Am besten überprüfst du den gesamten Zaun zudem einmal auf Löcher und Lücken, durch die dein Hund ausbrechen oder wo er sich unter dem Zaun hindurchbuddeln könnte. Der Freiheitsdrang mancher Hunde ist sehr groß, wenn hinter der Begrenzung Wild und spannende Gerüche locken. Und auch in Panik kann es sein, dass ein Hund Grenzen überwindet, die er normalerweise akzeptiert. Lasse dich hier auch von deiner Tierschutzorganisation beraten – sie können deinen Hund einschätzen und wissen, ob er ein Ausbruchskünstler ist.

**HAUSREGELN**
Bevor du deinen Hund abholst, solltest du mit allen Familienmitgliedern festlegen, welche Regeln im Alltag gelten – zumindest in den ersten Wochen. Denn manchmal zeigt sich später, dass nicht alle Regeln sinnvoll sind bzw. eingehalten werden brauchen. Dann kann man diese auch wieder lockern.

### Absichern durch eine Leine

Auf keinen Fall sollte es passieren, dass dein Hund ausbüchst. Bist du dir nicht sicher, ob deine Umzäunung für deinen Hund ausreichend ist, solltest du ihn in der ersten Zeit nur mit der am Brustgeschirr befestigen Schleppleine in den Garten lassen. So hast du jederzeit Zugriff auf deinen Hund und kannst Ausbruchsversuche sofort verhindern.

## Zeit zur Eingewöhnung

Auch wenn du keinen Welpen, sondern einen erwachsenen Hund aufnimmst, solltest du dir in den ersten Tagen Zeit nehmen. Bist du berufstätig, ist es ideal, wenn du dir wenigstens zwei, besser noch drei Wochen Urlaub nehmen kannst, damit ihr beide euch in Ruhe kennenlernt und sich dein Hund in dieser Zeit an deinen Alltag und an alles Neue in seiner Umgebung gewöhnen kann. Sprecht euch zudem in der Familie gut untereinander ab, wer für welche Aufgabe zuständig ist, wer also den Hund füttert, wer ihn bürstet und wer mit ihm spazieren geht.

## Fütterung

Überlege dir vorab, wie du deinen Hund füttern willst. Ob du dich für Trockenfutter, Nassfutter oder Rohfutter entscheidest, spielt letztlich keine Rolle. Es gibt inzwischen viele gute Futtersorten in allen Varianten. Bedenke aber, dass dein Hund sich unter Umständen bisher selbst versorgt hat, indem er Nahrungsreste von der Straße aufgesammelt hat. Trockenfutter kennt er also womöglich gar nicht und wird dieses gegebenenfalls verschmähen. Erkundige dich auch bei der Pflegestelle oder den Vorbesitzern, was der Hund bekommen hat und ob er gern frisst oder eher ein mäkeliger Futterverwerter ist.
Gerade in der ersten Zeit, wenn viele neue Eindrücke auf deinen Hund einwirken, macht es Sinn, ihm das anzubieten, was er gewohnt ist. Verweigert er also das Fertigfutter oder die andere Kost, dann füttere einfach, was ihm schmeckt. Hast du z. B. Spaghetti im Haus, kann ein Teller Nudeln mit Tomatensoße für deinen neuen Hund ein willkommenes Angebot sein. Später ist noch genug Zeit, ihn an anderes Futter zu gewöhnen.
Viele Menschen möchten ihren Tierschutzhund, nachdem er endlich ein gutes Zuhause gefunden hat, besonders verwöhnen. Sie kochen für ihn und kaufen nur die besten Zutaten. Die meisten Hunde sind bisher jedoch eher karge Kost gewohnt. Auch wenn es natürlich sein kann, dass dein Hund ein paar Kilo zu viel auf den Rippen hat und erst einmal abnehmen muss, sind viele Hunde, insbesondere dann, wenn sie aus dem Ausland oder aus schlechter Haltung kommen, eher abgemagert. Sie sind dann jedoch kein fettiges und kalorienreiches Futter gewöhnt, sodass du deinem Hund in dem Fall in den ersten Tagen eher Schonkost füttern solltest. Sein Magen muss sich erst langsam an die Aufnahme und Verwertung qualitativ hochwertiger Kost gewöhnen.

Ist dein Hund futtermäkelig, probiere es mit Nahrung aus, die er kennt, wie z. B. gekochten Spaghetti.

Qualitativ hochwertiges Futter wie beim Barfen vertragen viele Hunde aus dem Ausland anfangs nicht.

Viele Hunde liegen gern im kuscheligen Bett.

Entscheide vor dem Einzug, wo er liegen darf.

Einen festen Liegeplatz sollte es in jedem Raum geben.

## Liegeplätze

Darf dein Hund mit im Bett schlafen oder auf dem Sofa liegen? Bedenke, dass er nicht immer sauber ist, zudem haaren viele Hunde stark. Handelt es sich bei deinem Hund um einen dem Menschen gegenüber eher unsicheren Vierbeiner, wird er vermutlich anfangs noch nicht so engen Kontakt zu dir suchen. Dann braucht er eigene Liegeplätze, die eher zurückgezogen liegen, sodass er seine Ruhe hat und entspannen kann. Einen eigenen Liegeplatz sollte dein Hund in jedem Fall bekommen, und das mindestens in jedem Raum, in dem du dich für eine längere Zeit aufhältst, denn bei Hunden bleibt die Gruppe immer zusammen. Gemeinsam ist man stark, sodass sich jeder Einzelne sicher fühlen kann.

### Verschiedene Liegeplätze

In der Regel sollte dein Hund im Wohnzimmer und Schlafzimmer einen Liegeplatz haben. Positioniere das Körbchen nicht direkt neben der Eingangstür, hier wird dein Hund nicht entspannen können und wirklich zur Ruhe kommen. Suche eine ruhige Ecke neben dem Bett oder Sofa, denn dein Hund soll sich gern in deiner Nähe aufhalten dürfen. Das gilt natürlich nur dann, wenn er das auch möchte. Unsichere Hunde brauchen anfangs vielleicht noch etwas Abstand zum Menschen. Stelle das Körbchen dann in eine Ecke, in der sich dein Hund nicht von dir bedrängt fühlt, wenn du dich auch in diesem Zimmer aufhältst.

### Rückzug in eine „Höhle“

Viele Hunde lieben es, sich in eine sichere Höhle zurückziehen zu können. Hierfür bietet sich eine Hundebox an, die es inzwischen in den unterschiedlichsten Farben und Materialien gibt. Gerade unsicheren Hunden gibt die Box mehr Sicherheit. Die Box sollte an einer Seite offen bleiben, damit dein Hund selbstständig hinein- und hinausgehen kann.

Eine Box kann für den Hund ein Ort zum Ausruhen sein und ähnlich wie eine Höhle Sicherheit bieten.

Zeigt dein Hund jedoch aggressives Verhalten, ist eine Box gegebenenfalls nicht optimal, da du so nicht mehr an ihn herankommst, wenn er sich in seine Box zurückgezogen hat.

## Liegeplatz während der Mahlzeiten

Überlege, wo sich dein Hund aufhalten soll, wenn ihr eure Mahlzeiten einnehmt. Soll er einen weiteren Liegeplatz neben dem Esstisch haben? Hat er gelernt, dass er auf diesem Platz liegen bleiben soll, während du isst, wird es insbesondere dann, wenn Kinder mit am Tisch sitzen, einfacher, zu vermeiden, dass dein Hund Erfolg mit Betteln hat.

Fester Liegeplatz während der Mahlzeiten.

# Die ersten gemeinsamen Tage

Der Tag ist gekommen, du darfst deinen Hund abholen. Am besten fährst du nicht allein, sodass du dich voll und ganz während der Fahrt auf deinen neuen Hund konzentrieren kannst, und nicht selbst fahren musst.

## Der Abholtag

Dein Hund sollte ein passendes Geschirr tragen. Frage zuvor bei der Pflegestelle bzw. den vorherigen Haltern nach der Größe, die du für deinen Hund brauchst. Besorge das neue Geschirr rechtzeitig, sodass du es deinem Hund bei einem vorherigen Besuch anprobieren kannst. Achte gerade jetzt darauf, dass der Hund dir bzw. seinem vorherigen Halter nicht entwischt. Alle sind sehr aufgeregt, der Halter bzw. die Pflegestelle, dass sie den Hund nun gehen lassen müssen, du in der Vorfreude auf deinen neuen Hund. Hunde können Menschen sehr gut lesen und Stimmungen gut wahrnehmen, dein Hund wird also schnell bemerken, dass irgendetwas anders ist als sonst. So kann der normalerweise völlig entspannte Hund auf einmal sehr aufgeregt sein und in die Leine springen. Gestaltet die Übergabe daher in einem gesicherten Bereich wie z. B. in der Wohnung oder in einem Innenhof. Führe deinen Hund am besten mit einer Doppelleine gesichert bis zum Auto. Eine Leine befestigst du dabei z. B. am Halsband des Hundes, die andere wird am Geschirr eingehakt. Sollte sich dein Hund aus Halsband oder Geschirr herauswinden, hast du ihn immer noch durch die andere Leine gesichert. Niemand ist perfekt, und keiner weiß wirklich,

Die Aufregung ist groß, wenn der neue Hund abgeholt wird. Sicherheit ist oberstes Gebot.

Der neue Hund wird mit der Doppelleine, die am Sicherheitsgeschirr befestigt ist, zum Auto geführt.

was auf ihn zukommt, wenn er einen ihm fremden, erwachsenen Hund aufnimmt. Damit du auch im Worst Case, wenn dein Hund entlaufen ist, eine Möglichkeit hast, ihn schnell wiederzufinden, solltest du, bevor ihr euch auf den Weg zum Auto macht, einen GPS-Tracker am Geschirr befestigen. So kannst du jederzeit nachvollziehen, wo sich dein Hund befindet, und versuchen, ihn zu dir zu locken und wieder einzufangen.

### Sicherung im Auto

Im Auto angekommen, habt ihr es erst einmal geschafft und könnt euch auf die Heimreise machen. Damit die Ankunft zu Hause auch entspannt verläuft, solltest du deinen Hund im Auto wieder sichern. Leine ihn im Kofferraum bzw. in der Box oder auf dem Rücksitz mit der am Geschirr befestigten Leine an. Diese sollte dabei so lang sein, dass dein Hund sich entspannt hinlegen, aber auch aufstehen kann, um z. B. die Position zu wechseln. Die Leine darf nicht so lang sein, dass er, sobald du den Kofferraum bzw. die Autotür öffnest, herausspringen kann. Denn das wird vermutlich sein erster Impuls sein, wenn er nicht wie erstarrt in einer Ecke liegt und verunsichert der Dinge harrt, die da gerade auf ihn zukommen. Befestige nun erst wieder eine zweite Leine, bevor du die Leine, mit der dein Hund im Auto gesichert ist, löst. Nun ist es geschafft, dein Hund ist in seinem neuen Zuhause angekommen!

Im Auto sicherst du deinen Hund mit einer zweiten Leine in der Box, sodass du diese gefahrlos öffnen und ihn herausholen kannst.

#### SICHERHEITSGESCHIRRE

Ein Sicherheitsgeschirr gibt zusätzliche Sicherheit. Solche Geschirre besitzen einen zweiten Bauchgurt, sodass sich dein Hund nicht so einfach aus dem Geschirr herauswinden kann. Kommt es doch einmal zu einer brenzligen Situation, versuche die Spannung von der Leine zu nehmen, indem du nachgibst und deinem Hund hinterhergehst. Denn er kann sich nur dann aus Halsband oder Geschirr winden, wenn Spannung auf der Leine ist.

### Absichern in der ersten Zeit

Achte auch jetzt darauf, dass dein Hund nicht entlaufen kann. Zur Vorsorge trägt er daher auch in der Wohnung in den ersten Tagen ein Geschirr mit dem GPS-Tracker, damit er im Notfall wiedergefunden werden kann. Alle Familienmitglieder müssen lernen, sich immer erst einmal zu versichern, wo sich der Hund befindet, bevor die Haustüre geöffnet wird. Ideal ist es, wenn sich ein geschlossener Flur im Eingangsbereich befindet, da dieser dann wie eine Schleuse genutzt werden kann. Am besten hängt ihr an jede Flurtür sowie an die Haustür einen Zettel: „Erst die Flurtüre schließen, dann die Haustüre öffnen!“

An dem Tag, an dem dein Hund bei dir einzieht, solltest du keine große Party mit Freunden veranstalten.

## Zuhause angekommen

Im neuen Zuhause angekommen, muss dein Hund sich erst einmal in Ruhe umschauen. Jeder Hund ist individuell, lasse ihm dabei die Zeit, die er braucht und bedränge ihn nicht. Fülle einen Napf mit frischem Wasser und stelle ihn auf den Boden, während dein Hund dich dabei beobachtet. So weiß er, wo er Wasser finden kann. Je nach Hund kannst du ihm dann auch seine Liegestelle zeigen, indem du dich z. B. dorthin setzt und deinen Hund zu dir rufst. Lässt er sich von dir streicheln, ist jetzt eine gemeinsame Schmuseeinheit angesagt. Braucht dein Hund noch Abstand zu dir, warte einfach, wo er sich von sich aus hinlegt. Er wird bald feststellen, wo er sich am wohlsten bzw. sichersten fühlt. Befindet sich sein Liegeplatz eigentlich an einer anderen Stelle, kannst du diesen auch umplatzieren. Komme nun selbst zur Ruhe, indem du dich z. B. auf das Sofa setzt und liest. Natürlich kannst und sollst du deinen Hund dabei beobachten, doch wenn du eine alltägliche Tätigkeit ausführst und dein Fokus nicht auf deinen Hund ausgerichtet ist, wird er sich schneller entspannen können. Er merkt, dass von ihm offensichtlich jetzt nichts mehr gefordert wird, und kann, nachdem er alles erkundet hat, abschalten.

### Weitere, im Haushalt lebende Hunde

Leben bereits ein oder sogar mehrere weitere Hunde bei dir, müssen diese den neuen Hund vorab noch kennenlernen. Grundsätzlich ist ein Kennenlernen der Hunde auf neutralem Boden ideal. So gibt es zumindest kein Heim, das verteidigt werden muss. Bedenke aber auch, dass manche Hunde den Spazierweg im angrenzenden Park ebenfalls zum heimatlichen Territorium zählen.

**Ist ein Zweithund vorhanden, sollte jeder Hund einen eigenen Liegeplatz haben, sodass er sich zurückziehen kann. Achte darauf, dass jeder Hund dort auch seine Ruhe hat.**

Trefft euch daher an einem Ort, an dem du weißt, dass dein Hund anderen Hunden freundlich begegnet. Du führst nun deinen bisherigen Hund an der Leine, ein Helfer bzw. ein anderes Familienmitglied führt den neuen Hund. Ihr kommt ruhig aufeinander zu und begrüßt euch kurz. Achtet darauf, dass die Hunde noch nicht aneinander schnüffeln. An der kurzen Leine haben sie kaum Möglichkeiten zur Kommunikation und können nicht ausweichen.

### Spaziergang an der Leine

Jetzt startet ihr zu einem kurzen, gemeinsamen Spaziergang. Die Hunde laufen erst einmal an der kurzen Leine neben euch. Sind beide entspannt, kannst du deinen Hund frei laufen lassen und dem neuen Hund mehr Raum geben, indem du ihn an der Schleppleine führst. Ist der Kontakt zwischen den beiden Hunden entspannt, wird der Spaziergang beendet und es geht ins neue Zuhause. Hast du weitere Hunde, lernen diese nun ebenfalls den neuen Hund jeweils einzeln nach dem gleichen Ablauf kennen.

### Getrennt im Auto

Müsst ihr nach Hause mit dem Auto fahren, trennt beide Hunde, indem entweder jeder Hund in einem separaten Auto transportiert wird, oder aber ein Hund auf dem Rücksitz, der andere im Kofferraum bzw. beide in zwei Abteilen einer Box untergebracht werden. In der ersten Zeit solltest du die beiden Hunde niemals zusammen auf engem Raum unterbringen, ohne dass einer der beiden ausweichen kann. Vermeide, dass es zu einem Streit der beiden Hunde kommt, denn oftmals legt sich eine durch einen solchen Streit entstandene Unsicherheit zwischen den beiden nicht wieder vollständig. Zu Hause sollten Spielzeug und Kauknochen, also alles, um das gestritten werden kann, erst einmal nicht zur freien Verfügung der Hunde herumliegen.

## Den Alltag gestalten

Genauso wie beim Einzug eines Welpen gilt auch beim Secondhand-Hund: Du solltest nicht direkt eine Willkommens-Party veranstalten. Dein Hund muss erst einmal in Ruhe ankommen und das neue Heim sowie die zur Familie gehörenden Menschen kennenlernen. Vor allem dann, wenn er eine lange Anreise aus dem Süden hinter sich hat, muss er erst einmal durchatmen. Gerade ängstliche Hunde brauchen unter Umständen Tage, bis sie in der Lage sind, mit dem Menschen Kontakt aufzunehmen. Hier gibt es nur eines: Geduld haben und den Hund nicht überfordern. Du solltest ihn in seinem eigenen Tempo ankommen lassen.

### Viel Zeit fern vom Alltag

Daher ist es wichtig, dass du nicht direkt am nächsten Tag wieder zum Alltagsgeschehen übergehst. Natürlich gibt es hierbei keinen festen Zeitplan, die Schritte in Bezug auf die Einführung des Hundes in den Alltag müssen immer individuell je nach Hund abgestimmt werden.

Nachdem dein Hund die Wohnung erkundet hat, ist es Zeit, zur Ruhe zu kommen. Setze dich hin, sodass dein Hund entspannt.

Aber auch bei einem Hund, der eigentlich keine Probleme bereitet, solltest du dir zunächst einige Tage ganz für deinen Hund freihalten und diesem die Möglichkeit geben, sich im neuen Zuhause und den dort geltenden Regeln zurechtzufinden. Dennoch gilt: **Konsequenz und immer gleiche Regeln geben Sicherheit und schaffen Vertrauen.** Viele Hunde sind in den ersten zwei bis drei Wochen noch sehr zurückhaltend, sie orientieren sich erst einmal, schauen, wie es im neuen Zuhause so läuft und an wen bzw. was sie sich halten müssen. Daher macht es wenig Sinn, gerade in den ersten Wochen noch „sehr großzügig" zu sein und aufgestellte Regeln nicht einzuhalten. Umso schwerer wird man es nachher haben, denn dann hat der Hund bereits gelernt, dass man es in diesem Familienverband offensichtlich nicht so genau nimmt!

Soll das Bett im Kinderzimmer für deinen Hund tabu sein, musst du diese Regel von Anfang an ruhig und konsequent durchsetzen.

## Kinder und Hund

Vor allem in der ersten Zeit kannst du deinen Hund noch nicht wirklich einschätzen. Leben Kinder in der Familie, solltest du den Kontakt zwischen ihnen und deinem Hund immer im Auge behalten. Lasse deine Kinder nie mit deinem Hund allein, denn du weißt nicht, wie er reagiert, wenn diese ihn auf einmal bedrängen, oder einfach nur laut schreiend durch die Gegend rennen. Im Kinderzimmer sollte sich dein Hund daher zunächst einmal nicht aufhalten dürfen. Macht er es sich ausgerechnet dort gemütlich, schickst du ihn ruhig wieder hinaus. Schließe dann die Tür oder sichere das Zimmer mithilfe eines Kindergitters. Später einmal darf dein Hund zusammen mit dir, wenn du ihm die Erlaubnis dazu gibst, auch mit ins Kinderzimmer.

## Beziehungsaufbau braucht Zeit

Die ersten Tage sind vergangen und das hoffentlich ohne große Probleme. Dennoch, bei den meisten Menschen kommen nun auf einmal Zweifel auf. Man hat die ersten kleinen Macken des Hundes kennengelernt. Vielleicht testet der Hund auch schon aus und ignoriert dich, wenn du ihn ansprichst. Du merkst, „dein Hund" ist das irgendwie doch bzw. noch nicht. Und das ist auch vollkommen normal! Bis zwei Lebewesen miteinander harmonieren, bis sie eine Einheit bilden, sich aufeinander einlassen, aneinander orientieren, das dauert. Erwarte daher nicht zu viel. Ihr müsst euch in den nächsten Wochen und Monaten erst einmal kennenlernen. Erst, wenn ihr viel zusammen unternommen habt, wenn dein Hund in den unterschiedlichsten Situationen erlebt hat, dass er sich auf dich verlassen kann, dann wirst du irgendwann auf einmal feststellen: **Wir gehören zusammen!** Doch bis dahin ist es noch ein weiter Weg. Im alltäglichen Miteinander erlebst du, was deinem Hund leichtfällt und wo es gegebenenfalls Probleme gibt. Viele Secondhand-Hunde sind das

Glatte Böden sind zwar schön, stellen für viele Hunde jedoch erst einmal eine Herausforderung dar.

Leben im Haus nicht gewohnt. Sie kennen daher beispielsweise keine Treppen und laufen diese zuerst einmal nur sehr ungern. Auch glatte Böden können eine echte Herausforderung für dich und deinen Hund werden. Versuche in diesem Fall, deinem Hund Sicherheit zu geben, indem du rutschfeste Teppiche auf dem Boden auslegst. Auch die Treppe kannst du z. B. mit Teppichfliesen bekleben, sodass dein Hund nicht wegrutschen kann.

### Unbekannte Geräusche

Gewöhne ihn in kleinen Schritten an alle alltäglichen Besonderheiten. Beobachte ihn im Alltag genau: Was stresst ihn, worauf reagiert er gar nicht? Insbesondere elektrische Geräte wie die Spülmaschine oder Waschmaschine sind vielen Hunden unheimlich. Lasse sie daher anfangs nur dann laufen, wenn ihr beide unterwegs seid. Später dann kannst du sie auch anmachen, wenn du mit deinem Hund im Haus bist. Stelle sie aber bitte nie an, wenn dein Hund allein zu Hause bleiben soll. Erschrickt er sich vor einem ungewohnten Geräusch, ist niemand da, der ihm Sicherheit geben kann. Ein solcher Vorfall kann dazu führen, dass dein Hund nun auf einmal nicht mehr allein bleiben kann.

### Verhalten im Garten

Beobachte deinen Hund auch im Freien. Setze dich dazu in den Garten, während er frei herumläuft. Wie reagiert er auf Geräusche von außerhalb? Rennt er territorial bellend zum Zaun? Bleibt er verunsichert stehen oder flüchtet sogar verängstigt wieder ins Haus? Oder reagiert er überhaupt nicht darauf und geht einfach weiter schnüffelnd und witternd durch den Garten? Je genauer du deinen Hund in all diesen unterschiedlichen Situationen beobachtest, desto schneller erkennst du seinen Charakter und weißt, worauf du dich in Zukunft einrichten musst.

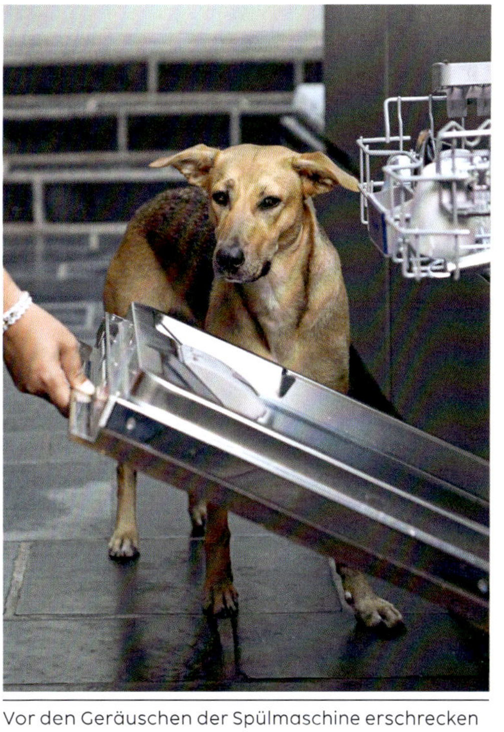

Vor den Geräuschen der Spülmaschine erschrecken sich meist Hunde, die bisher nicht im Haus lebten.

## Körpersprache und Kommunikation

Damit du das Verhalten deines Hundes einschätzen kannst, musst du ihn lesen können. Informiere dich vorab, welche Körperhaltungen und körpersprachlichen Signale dein Hund zeigen und was er damit ausdrücken kann.

### Entspannte Haltung

Um die vielen Ausdrucksformen der Hunde besser verstehen zu können, ist es zunächst einmal wichtig, die entspannte, normale Körperhaltung eines Hundes zu erkennen. Der Hund steht mit leicht angehobenem Kopf auf seinen leicht gewinkelten Beinen. Der Fang ist oft leicht geöffnet, die Zunge etwas sichtbar. Die Rute hängt entspannt nach unten und die Ohren werden leicht aufgerichtet gehalten. Ein Hund mit Hängeohren kann natürlich nur die Ohrwurzel nach vorn ziehen und nicht, wie ein Hund mit Stehohren, das ganze Ohr komplett aufrichten.

### Der gestresste Hund

Der Einzug in ein neues Zuhause ist für jeden Hund aufregend, sodass er Anzeichen von Stress zeigen wird. Stress muss dabei nicht direkt negativ sein, jedoch sollte dein Hund sich nach einiger Zeit auch wieder entspannen können. Anzeichen von Stress sind z. B., dass der Hund stark hechelt. Um die Maulwinkel herum ist dann eine starke Stressfalte zu sehen. Häufig legt der Hund die Ohren an. Ist ein Hund gestresst oder kommt er mit einer Situation nicht zurecht, zeigt er sogenannte Übersprunghandlungen. Sie werden vom Hund gezeigt, wenn er zwischen zwei Handlungen, Antrieben oder Emotionen hin- und hergerissen ist. Hierzu gehören z. B. Gähnen, Sich-Kratzen, Sich-Schütteln, wenig zielgerichtetes Schnüffeln, Niesen und das Lecken der Schnauze. Diese Handlungen scheinen ihm dabei zu helfen, seine momentanen Spannungen zu lösen, sich selbst zu beruhigen.

Bei gestressten Hunden sieht man oft die Stressfalte.

Hunde gähnen aus Müdigkeit, aber auch bei Stress!

Angelegte Ohren können ein Stressanzeichen sein.

Übersprunghandlungen müssen natürlich immer im Zusammenhang mit der Situation gesehen werden. So sind nicht jedes Gähnen oder Kratzen ein Hinweis auf Stress. Dennoch solltest du dir Gedanken machen, wenn dein Hund im Alltag oder im Training immer wieder Übersprunghandlungen wie das Sich-Kratzen zeigt. In vielen Fällen ist der Hund überfordert. Dies erfolgt z. B. dann, wenn die ablenkenden Reize für den Hund eigentlich noch zu groß sind. Er möchte dann gern das gelernte Signal des Menschen ausführen und sitzen bleiben, andererseits lockt in der Nähe vielleicht ein freilaufender Hund, mit dem man prima spielen könnte. Wechsle in diesem Fall die Umgebung und baue ablenkende Reize in kleinen Schritten ein. Beginne z. B. mit einem ruhig abliegenden Hund in weiter Distanz als ablenkendem Reiz, bevor ein anderer Hund in der Nähe ist und sich dann später sogar selbst dynamisch bewegt.

### Beschwichtigung

Wenn ein Hund beschwichtigt, sendet er vorbeugende Signale aus, die dazu dienen sollen, Konflikten aus dem Weg zu gehen bzw. sie gar nicht erst entstehen zu lassen. Es kann sich hierbei auch nur um einen scheinbar aufkommenden Konflikt handeln. Ist ein Hund sehr unsicher, fühlt er sich vielleicht schon vom freundlich, aber direkt schauenden Gegenüber so verunsichert, dass er einen Konflikt vermutet, obwohl dieser gar nicht beabsichtigt war.
Zu den Beschwichtigungssignalen gehören das Unterwürfigkeitsgesicht, das Vermeiden des Blickkontakts, das Pföteln und das Sich-klein-Machen. Beim Unterwürfigkeitsgesicht zieht der Hund sein Gesicht nach hinten, legt die Ohren eng an und zieht die Maulwinkel in Richtung der Ohren. Dadurch wird die Stirn weit nach hinten gezogen und erscheint sehr glatt. Der Kopf kann dabei leicht schräg gehalten werden, die Augen sind oftmals klein, manchmal sogar leicht geschlossen, der Hund blinzelt, um den Blickkontakt zu vermeiden.

### Angst/Unsicherheit

Angst lässt sich vor allem an der Körperhaltung und Mimik des jeweiligen Hundes erkennen. Das wohl bekannteste körpersprachliche Signal bei Angst ist die unter den Bauch eingeklemmte Rute, mitunter so weit, dass die Rutenspitze Richtung Kopf zeigt. Ein ängstlicher Hund möchte um jeden Preis vermeiden, zu viele Duftsignale von sich zu geben. Die Rutenbewegung und damit die Duftverbreitung werden vollständig eingestellt. Zudem verhindert der Hund so, dass er im Anal- und Genitalbereich beschnüffelt werden kann. Wer in einer Situation unsicher ist, möchte nicht zu viel von sich preisgeben. Oft wird eine ängstliche Körperhaltung von einem Rundrücken begleitet. Die Wirbelsäule beschreibt einen Bogen, der durch die Rute in ihrer Verlängerung fortgesetzt wird. Während sich also der Rücken nach oben wölbt, sind Kopf und Rute abgesenkt, der Hund macht sich richtiggehend klein. Er nimmt eine starre Körperhaltung ein, der Körperschwerpunkt liegt dabei hinten. Ein ängstlicher Hund ist damit immer zur Flucht bereit!

Eingeklemmte Rute & Sich-klein-Machen aus Angst.

### Defensive und offensive Aggression

Bei der defensiven Drohung steht der Hund mit eingeknickten Beinen, rundem Rücken, gesträubten Nackenhaaren, eingeklemmter Rute, zurückgelegten Ohren und beißt in die Luft. Die Maulwinkel werden lang und spitz nach hinten gezogen, die Zähne werden über den gesamten Maulbereich gefletscht, sogar so stark, dass auch die Backenzähne und das Zahnfleisch sichtbar werden.

Bei der offensiven Drohung steht der Hund steifbeinig und leicht nach vorn geneigt. Hals- und Nackenhaare sind häufig gesträubt. Er hebt die Rute über die Rückenlinie an, dabei können auch die Rutenhaare gesträubt sein. Die Rute ist steif, kann aber auch leicht vibrieren. Er trägt den Kopf leicht gesenkt, sodass Kopf und Rücken eine Linie bilden. Die Mimik ist dabei gekennzeichnet durch kurze, runde Maulwinkel, die sich nach vorn hin zu einem Zähnefletschen hochziehen. Die Ohren sind nach vorn gerichtet und der Gegner wird eventuell auch knurrend fixiert. Kurz vor einem Angriff kann es zu einem kurzen Lecken über die Nase kommen.

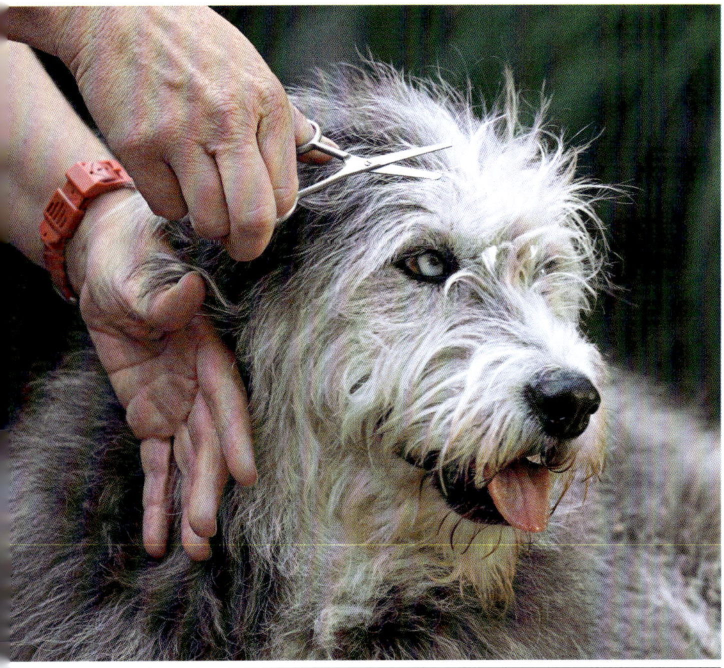

Gewöhne deinen langhaarigen Hund in kleinen Schritten an das Bürsten und Haareschneiden, um einem Verfilzen vorzubeugen.

## Gesundheitlicher Check-up

Hat dein neuer Hund Wunden oder starke gesundheitliche Probleme, musst du natürlich sofort den Tierarzt aufsuchen. Beschränke solche Behandlungen jedoch nur auf das wirklich absolut Notwendige. Dein Hund soll erst einmal in Ruhe ankommen und lernen, dir zu vertrauen, bevor du mit ihm Ausflüge machst. Dennoch, nach einigen Wochen der Eingewöhnung solltest du deinen Hund deinem Tierarzt vorstellen, damit dieser einen generellen gesundheitlichen Check-up machen kann, und eventuelle Probleme direkt behandelt werden können. Im Idealfall ist jedoch gar keine Behandlung notwendig, sodass dein Hund den Besuch beim Tierarzt nicht mit Schmerzen und unangenehmen Einschränkungen, sondern neutral oder sogar positiv verknüpft, wenn dein Tierarzt ihm ein paar Leckerlis auf dem Untersuchungstisch gibt.

### Fellpflege

Auch mit Pflegemaßnahmen wie dem Scheren bzw. Kürzen von Haaren solltest du noch etwas warten. Ist das Fell völlig verfilzt, sodass dein Hund unter Juckreiz oder Hautproblemen leidet, suche einen professionellen Hundefrisör auf. Dieser wird den Hund einmal komplett scheren, sodass du im Anschluss daran Zeit hast, ihn in kleinen Schritten an Pflegemaßnahmen wie das Bürsten oder Schneiden der Haare zu gewöhnen.

Nach den ersten zwei bis drei Monaten testen viele Hunde aus, was erlaubt ist und wie weit sie gehen können.

### Durchfallerkrankungen

Der Einzug in das neue Zuhause bedeutet in aller Regel Stress für den Hund, was sich nicht selten in Durchfall äußert. Hält der Durchfall deines Hundes länger als zwei Tage an, musst du natürlich durch deinen Tierarzt abklären lassen, ob es nicht doch eine andere Ursache gibt, wie z. B. einen Befall durch Würmer oder Giardien.
Leichte Durchfälle kannst du selbst behandeln, indem du deinem Hund Moro'sche Möhrensuppe fütterst. Diese kannst du am zweiten Tag mit dem Futter deines Hundes mischen.

**MORO'SCHE MÖHRENSUPPE**

- 1 Kilogramm Möhren
- in 1 Liter Wasser
- eine Stunde lang kochen
- pürieren und mit Wasser wieder auf 1 Liter auffüllen

## Die Zeit vergeht …

Sind die ersten Wochen geschafft, macht sich Erleichterung breit. Alles ist gut gegangen, der Hund hat sich bereits gut eingelebt und ist wirklich ein Traumhund. Das kann sich allerdings schnell ändern. Denn in der ersten Zeit checkt der Hund erst einmal, wie es im neuen Zuhause läuft. Wer hat hier das Sagen? Welche Regeln gelten, an welche muss man sich nur bedingt halten? Und so zeigt er erst nach zwei bis drei Monaten sein wahres Gesicht. Der Hund testet aus, stellt Regeln infrage und verhält sich wie ein pubertierender junger Hund. Nun heißt es, konsequent bleiben! Sonst geht dein Hund bald über Tisch und Bänke und zerstört alles, was dir lieb und teuer ist. Spätestens jetzt musst du mit der Erziehung deines Hundes anfangen. Doch auch in den ersten Wochen sind bereits kleinere Übungen möglich. Natürlich entwickelt sich nicht jeder Hund zum Rabauken, aber du solltest wenigstens darauf gefasst sein und wissen, wie du dann damit umgehst.

# Erste Übungen und kleine Ausflüge

Beginnt dein Hund, sich aktiv für dich und seine neue Umwelt zu interessieren, ist es Zeit, mit der Erziehung zu beginnen. Keine Angst, das bedeutet nicht, dass der Spaß nun vorbei ist. Erziehung soll dir und deinem Hund Spaß machen, dein Hund soll spielerisch lernen, was du von ihm erwartest.

## Den Namen lernen

Im allerersten Schritt muss dein Hund seinen Namen lernen. Handelt es sich bei deinem Hund um einen erwachsenen Hund, der bereits bei einer Familie gelebt hat, hört er in der Regel schon auf einen Namen. Du solltest ihm die Eingewöhnung einfach machen und seinen Namen beibehalten. Kannst du dich gar nicht mit diesem Namen anfreunden, könntest du ihn natürlich auch umbenennen, er wird den neuen Namen nach einiger Zeit lernen. Viele Hunde lernen im Laufe ihres Lebens auf viele unterschiedliche Namen zu reagieren. Neben dem eigentlichen Namen reagieren sie genauso auf Abkürzungen, wie z. B. der Rüde Jamie auch auf ein kurzes „Jay" reagiert. Aber auch „Schneckchen", „Wölfchen", „Hasi" oder „Schätzchen" sind beliebte Spitznamen, die Hunden gegeben werden und auf die sie genauso wie auf ihren eigentlichen Namen hören. Alternativ gibt es vielleicht einen Namen, der sich ähnlich anhört, der dir aber besser gefällt? So wurde z. B. aus einer Elli eine Nelly, für den Hund spielte diese Änderung jedoch keine Rolle. Kommt dein Hund aus dem Tierschutz, hat er zwar oft einen Namen, trägt diesen jedoch erst seit Kurzem. Häufig wird der Name auch nur für die Vermittlung des Hundes benutzt und der Hund ist noch gar nicht an diesen Namen gewöhnt. In diesem Fall kannst du dir überlegen, wie du deinen Hund nennen möchtest. Der Name sollte eindeutig sein, sich also z. B. gut von den Namen weiterer Hunde, die bei dir leben, unterscheiden. Einen Hund Nelly zu nennen, wenn der Ersthund Elli heißt, ist eher ungünstig, da beide Hunde immer denken, sie wären gemeint.

### Bedeutung des Namens

Die Bedeutung, die der Name für deinen Hund haben soll, ist Folgende: „Achtung, pass auf, du bist gemeint. Gleich passiert etwas, das für dich wichtig ist." Der Hund soll also immer dann, wenn er seinen Namen hört, mit dir Kontakt aufnehmen und dich z. B. anschauen. So kannst du ihm danach ein weiteres Signal geben, also z. B. „Hier" sagen, wenn er kommen soll. Damit dein Hund seinen Namen lernt, beginnst du das Training in einer ruhigen und ablenkungsfreien Umgebung. In einem Augenblick, in dem dein Hund dich gerade nicht anschaut, aber auch nicht vollkommen vertieft mit einer anderen Sache beschäftigt ist, sprichst du ihn mit seinem Namen an. Er wird dich daraufhin interessiert anschauen, was du sofort mit einer tollen Belohnung bestätigen musst. Das kann ein leckeres Futterstück sein, du kannst aber auch mit deinem Hund spielen oder mit ihm schmusen. Wichtig ist nur, dass dein Hund die Handlung als angenehm empfindet. Wiederhole diese Übung mehrfach täglich hintereinander.

## Gewöhnung an Halsband, Geschirr und Leine

Je nachdem, woher deinHund kommt und wie er zuvor gelebt hat, ist er mehr oder weniger an Halsband und Geschirr sowie an das Laufen an der Leine gewöhnt. Kennt dein Hund diese Dinge noch gar nicht, muss du ihn wie einen Welpen ganz langsam daran gewöhnen.

### Halsband

Lege deinem Hund das Halsband um und starte ein Spiel, auf das er sich begeistert einlässt. Wirf z. B. einen Futterbrocken ein bis zwei Meter von deinem Hund weg und lasse ihn hinterherrennen. Hat sich dein Hund an das Halsband gewöhnt, lasse es ihn nach der Spieleinheit jedes Mal ein wenig länger tragen. Solange sich dein Hund noch häufig am Hals kratzt, ist er noch nicht gut an das Halsband gewöhnt. Auch während des Fressens kann er es tragen und es so mit etwas Positivem verbinden.

### Geschirr

Genauso wie an ein Halsband, gewöhnst du deinen Hund auch an das Tragen eines Geschirrs. Gerade in der ersten Zeit wirst du deinen Hund sehr häufig an der am Geschirr befestigten Leine führen, denn er hat ja noch nicht gelernt, an der Leine zu laufen. Kommt die Leine auf Spannung, ist das für ihn angenehmer, als wenn diese am Halsband befestigt wäre. Zudem kann sich dein Hund nicht so leicht aus dem Geschirr befreien wie aus einem Halsband, insbesondere dann, wenn du ein Sicherheitsgeschirr mit einem zweiten Bauchgurt verwendest.

### Leine

Übe nun das An- und Ableinen mit deinem Hund. Um ihn am Geschirr anzuleinen, musst du mit der Hand sehr nahe an ihn heran. Unsichere Hunde fühlen sich dabei schnell bedrängt. Achte daher auf deine Körpersprache, hocke dich hin und drehe dich leicht seitlich zu deinem Hund. Starre ihn nicht direkt an, sondern schaue leicht seitlich an ihm vorbei. Anfangs kannst du einfach nur mit der Hand in Richtung des Rings am Geschirr greifen. Belohne deinen Hund, wenn er dabei ruhig stehen geblieben ist. Wiederhole dies mehrfach und nimm dann auch die Leine in die Hand. Nach einigen Übungen kannst du nun auch die Leine in den Ring am Geschirr einhaken. Starte dann aber nicht direkt mit einem Spaziergang oder einem Training der Leinenführigkeit. Belohne deinen Hund wieder dafür, dass er das Anleinen ruhig abgewartet hat und löse die Leine dann wieder vom Geschirr. Dein Hund soll im ersten Schritt lernen, dass das Anleinen für ihn keinen Stress und keine Aufregung bedeutet.

Gewöhne deinen Hund an das Tragen eines Halsbands, indem du ihn einige Futterbrocken in der Wiese suchen lässt.

Jetzt bist du so weit, dass du die Leine auch aufnehmen kannst. Diese sollte nicht zu kurz sein, damit dein Hund nicht direkt in die gespannte Leine läuft. An einer etwa 3 bis 5 Meter langen Leine kannst du immer noch kleine Spielchen durchführen. Nimm die Leine in die Hand und starte wieder ein Futterspiel. Dein Hund lernt so, dass das Anleinen und Aufnehmen der Leine für ihn etwas Angenehmes, Spannendes bedeutet und ihn nicht nur einschränkt und davon abhält, seine Freiheit zu genießen.
Hat dein Hund große Probleme mit dem An- und Ableinen, kannst du im ersten Schritt auch eine Hausleine, also eine ca. 1 – 1,5 m lange, dünne Leine ohne Haken und Schlaufen, an seinem Geschirr befestigen. Nun kannst du das Ende der Leine einfach aus der Distanz aufheben und brauchst ihm nicht jedes Mal sehr nahekommen.

Führst du den Hund am Geschirr, nutze eine längere Leine, sodass du ihm etwas Raum geben kannst.

## Erste Spaziergänge

Lässt sich dein Hund anleinen, seid ihr bereit für den ersten Spaziergang. Da du noch nicht weißt, wie dein Hund auf Außenreize reagiert, solltest du ihn in den ersten Wochen nicht frei laufen lassen, sondern an der Schleppleine führen. Die Leine muss dabei nicht immer 10 m lang sein, eine etwas längere Leine, die deinem Hund Raum gibt, wenn er sich unwohl fühlt und einem Reiz ausweichen möchte, macht jedoch immer Sinn.
Denke daran, bei jedem Spaziergang den GPS-Tracker am Geschirr deines Hundes zu befestigen, denn auch wenn du noch so gut vorsorgst, eine hundertprozentige Sicherheit, dass ein Hund nicht entläuft, gibt es leider nicht. Mit dem Tracker weißt du zumindest, wo sich dein Hund gerade aufhält, und kannst alles in die Wege leiten, um ihn wieder einzufangen.

### Reizarme Umgebung

Anfangs solltest du die Spaziergänge möglichst reizarm gestalten. Ein Spaziergang durch den nahe gelegenen Wald oder über die Felder an deinem Wohngebiet reicht vollkommen aus. Dein Hund hat hier genug zu erkunden, es gibt so viele neue Gerüche zu entdecken. Erkunde mit deinem Hund gemeinsam deine Umgebung, lauft durch Bäche, klettert zusammen über Baumstämme oder setzt euch auf einen großen Felsen. Gib deinem Hund Zeit, Neues in Ruhe wahrzunehmen. Schaue dir das Objekt, das dein Hund betrachtet, selbst an. Fordere deinen Hund nun aber nicht auf, dir zu folgen oder zwinge ihn dazu, sondern warte, ob er dir irgendwann folgt. So kannst du ihm zeigen, dass ihr beide ein Team seid, das gemeinsam durch dick und dünn geht und sich gegenseitig unterstützt. Natürlich kannst du zwischendurch auch einmal ein paar Suchspiele mit einbauen, indem du z. B. Futter in einer Baumrinde versteckst, das dein Hund suchen darf.

Viele Hunde sind von den Reizen der Stadt anfangs überfordert. Suche daher Bereiche mit wenig Verkehr auf.

## Stadt, Land, Fluss

Schritt für Schritt steigerst du nun die Außenreize. Bevor ihr allerdings mit einem Stadttraining startet, solltest du dir erst einmal ein Bild davon machen, wie dein Hund auf Autos und Straßenverkehr reagiert. Dazu kannst du z. B. durch ein kleineres Dorf gehen. Nicht selten sind hier auch andere, spannende Reize zu beobachten, wie z. B. auf der Weide grasende Pferde oder Kühe. Schaue dir alles in Ruhe zusammen mit deinem Hund an. Gib ihm die Zeit, die Reize wahrzunehmen und als ungefährlich abzuspeichern. Entspannt sich dein Hund in Anwesenheit des Reizes und nimmt ihn eigentlich gar nicht mehr wahr, ist es Zeit, weiterzugehen.

Natürlich könnt ihr dann auch einen Stadtbummel wagen. Achte aber auch hierbei immer wieder darauf, dass dein Hund die Möglichkeit hat, neue Reize zunächst aus der Distanz wahrzunehmen. Schritt für Schritt nähert ihr euch dann dem jeweiligen Reiz an, bis dein Hund entspannt neben dir wartet, während der Reiz sich direkt vor euch befindet.

## Autofahren

Spätestens jetzt wirst du deinen Aktionsradius mit deinem Hund vergrößern wollen. Wenn du ihn zu Freunden zu Besuch, zur Arbeit oder auf Reisen mitnehmen willst, oder auch nur der Besuch beim Tierarzt ansteht, muss dein Hund in aller Regel gelernt haben, dich im Auto zu begleiten.
Achte darauf, dass dein Hund sicher untergebracht ist. Am sichersten ist die Unterbringung in einer stabilen Hundebox, du kannst ihn jedoch auch durch einen am Geschirr befestigen Gurt, der im Gurtschloss der Rückbank befestigt wird, sichern.

### Gewöhnung an die Autobox

Dein Hund soll erst einmal lernen, dass der Aufenthalt in der Box für ihn angenehm ist. Du kannst die Box dazu zunächst einmal in der Wohnung aufstellen. Alternativ kannst du eine Box als Rückzugsort in der Wohnung nutzen, sodass dein Hund den Aufenthalt in einer Box bereits kennt.

**Schritt 1:** Wirf etwas Leckeres in die Box hinein. Dein Hund darf hinterherrennen und sich das Futter herausholen. Anfangs liegen die Futterbrocken noch am Eingang, später muss dein Hund ganz in die Box hineingehen, um an das Futter zu gelangen.

**Schritt 2:** Wirf eine größere Menge Futter hinein, sodass dein Hund länger in der Box bleiben muss, wenn er das ganze Futter fressen will. Jetzt kannst du das erste Mal die Tür anlehnen, dein Hund darf aber immer noch herauskommen, wenn er will.

**Schritt 3:** Nach einigen weiteren Durchgängen wird die Tür fest verschlossen. Bleibe direkt neben der Box, damit dein Hund sich nicht verlassen fühlt. Du kannst ihm auch etwas zum Kauen geben, wie z. B. ein Schweineohr oder einen mit gefrorenem Joghurt gefüllten Kong. Damit wird er eine ganze Zeit lang beschäftigt sein.

Damit dein Hund lernt, in der geschlossenen Box im Auto eine Zeitlang zu warten, setze dich in kurzem Abstand vor dein Auto.

**Schritt 4:** Steigere nun die Zeit, in der dein Hund in der Box bleiben muss, nachdem er aufgefressen hat, immer mehr, bis er ohne Probleme auch für eine etwas längere Zeit gern in der Box liegt.

**Schritt 5:** Nun kannst du die Box ins Auto stellen. Übe auch hier erst einmal wieder, dass dein Hund ruhig und entspannt in der Box liegen bleibt, ohne dass du dich selbst ins Auto setzt bzw. den Motor startest und losfährst.

## Autofahren in kleinen Schritten

Bleibt dein Hund ruhig in seiner Box, setzt du dich für einige Momente auf den Fahrersitz. Wartet er weiterhin ruhig, gehst du wieder nach hinten und beendest die Übung. Du kannst die Übung aber auch noch ein paar Mal wiederholen. Im nächsten Schritt startest du nun den Motor, dann fährst du ein paar Meter. Nun bist du so weit, dass ihr den ersten Ausflug wagen könnt. Fahre lediglich ein, zwei Minuten. Steige aus, und wenn dein Hund ruhig wartet, holst du ihn heraus und ihr startet in ein neues Spazier-Abenteuer. So wird dein Hund die Autofahrt positiv verknüpfen. Sollte er jammern, wenn du aus dem Auto ausgestiegen bist, wartest du einfach so lange, bis er ruhig wartet. Erst dann darf er aus dem Auto aussteigen. Aber Achtung, sollte dein Hund Panik bekommen, musst du ihn natürlich aus der Box herausholen. Gehe dann viele Schritte im Training zurück und baue dieses erneut, aber viel kleinschrittiger auf. Trainierst du fleißig, wird dich dein Hund nach einiger Zeit gern auch auf längeren Autofahrten begleiten.

Links: Fährt der Hund auf dem Rücksitz mit, muss er durch ein Geschirr und einen Anschnallgurt gesichert sein.

Dieser Hund zeigt deutlich, dass er das frontale, enge Umarmen unangenehm empfindet, indem er seinen Kopf abwendet.

## Miteinander kuscheln und spielen

Viele Hunde lieben und suchen den Körperkontakt mit dem Menschen, manchen kann es gar nicht nahe genug sein. Nutze dies, indem du mit deinem Hund schmust und ihn kraulst. Dies setzt Oxytocin frei, das sogenannte Bindungshormon. Gemeinsames Kuscheln stärkt also die Bindung zwischen dir und deinem Hund.

Beobachte deinen Hund jedoch genau, ob er sich wirklich wohlfühlt, wenn du ihn streichelst, ihn kraulst oder ihn umarmst. Nicht alle Hunde mögen körperliche Nähe! Einige Secondhand-Hunde sind Menschen gegenüber eher skeptisch, da sie zuvor schlechte Erfahrungen gemacht haben. Respektiere das, halte den Individualabstand deines Hundes ein, indem du genau beobachtest, ob er sich noch entspannt verhält oder schon Anzeichen von Stress zu sehen sind (siehe S. 112).

Manche Hunde müssen auch erst lernen, dass der Kontakt mit dem Menschen angenehm sein kann. Liegt dein Hund neben dir, streichle ihn ganz vorsichtig. Beuge dich dabei nicht über ihn und bedränge ihn nicht. Steigere den Kontakt dann Schritt für Schritt und Mal für Mal in kleinen Schritten, aber immer nur so lange, wie dein Hund entspannt bleibt.

### Gemeinsames Spielen

Neben den Streicheleinheiten ist es wichtig, dass du mit deinem Hund spielst. Spielformen wie Apportieren und Suche sind Beschäftigungsformen, die deinem Hund ermöglichen, seinen Bedürfnissen nachzugehen. Du kannst aber auch einfach einmal so mit deinem Hund spielen: Renne mit ihm zusammen um die Wette, schlage Haken und spiele mit ihm Fangen, sei einfach albern und mache Blödsinn mit ihm. Doch auch dafür braucht es Vertrauen. Insbesondere dann, wenn du schnell und damit für deinen Hund unberechenbar wirst. Achte darauf, dass dein Hund dies nicht missversteht und sich von dir bedrängt oder sogar angegriffen fühlt. Lerne, seine Körpersprache zu lesen, damit du immer sofort reagieren kannst und im Spiel z. B. die Dynamik herausnimmst.

## Pflegemaßnahmen üben

Je nach Beschaffenheit des Fells musst du deinen Hund mehr oder weniger oft bürsten. Zeige ihm zunächst einmal die Bürste und lasse ihn daran schnüffeln. Beginne dann mit wenigen Bürstenstrichen. Anfangs kannst du dabei noch die Rückseite der Bürste benutzen, es geht also noch gar nicht um das Bürsten. Verwende dann später eine sehr weiche Bürste, bis du letztlich die für deinen Hund und sein Fell passende Bürste verwenden kannst. Du kannst deinem Hund anfangs nach jedem Strich ein Futterstück geben. Beobachte ihn genau, ob er sich dabei wohlfühlt. Viele Hunde genießen das Bürsten, sodass du die Länge und Intensität schnell steigern kannst. Sind die Haare verfilzt, macht es Sinn, diese zunächst einmal abzuschneiden bzw. im schlimmsten Fall, wenn das gesamte Fell verfilzt ist, den Hund einmal komplett zu scheren, damit er das Bürsten nicht als unangenehm abspeichert, wenn die Bürste im Fell hängen bleibt und es ziept. Kurzhaarige Hunde braucht man in der Regel nicht bürsten.

### Krallen schneiden

Ist dein Hund sehr agil und läuft viel auf hartem Boden, brauchst du die Krallen (außer die Daumenkralle) meist nicht bzw. nur sehr selten schneiden. Übe das Krallenschneiden dennoch, so kennt es dein Hund und bleibt dabei ganz entspannt, wenn es einmal notwendig ist. Anfangs berührst du dazu mit der Krallenzange nur kurz, später auch immer länger, die Kralle deines Hundes. Später schneidest du ein kleines Stück der Kralle ab. Schneide niemals so viel von der Kralle ab, dass du die dort liegenden Blutgefäße verletzt. Eine zu weit abgeschnittene Kralle kann stark bluten und ist für den Hund immer sehr schmerzhaft.
Schaue deinem Hund regelmäßig in die Ohren und übe, diese mit einem Tuch auszuwischen. Auch die Augen sollte er sich auswaschen lassen. Selbst wenn du deinen Hund gegen Zecken schützt, indem du ein Präparat vom Tierarzt besorgst, kann es immer einmal sein, dass du ihm eine Zecke entfernen musst. Übe daher auch das Bohren im Fell mit dem Zeckenhaken oder der Pinzette von Anfang an in kleinen Schritten mit deinem Hund.

Marie gewöhnt Herrn Nilsson an das Krallenschneiden, indem sie jede Annäherung der Zange mit der Futtertube belohnt.

## Grenzen setzen

Dein Hund muss natürlich auch lernen, dass nicht immer alles erlaubt ist. Er muss lernen, welche Grenzen es gibt, und dass er diese einhalten muss.

### Ignorieren

Fordert ein Hund den anderen zum Spiel auf oder nervt der junge Hund den alten Hund, wird dieser den Jungspund zunächst einmal ignorieren. In einer sozialen Gruppe ist Ignorieren für Hunde immer das Mittel der Wahl, um unerwünschtes Verhalten zu beenden. Ignoriere deinen Hund daher z. B., wenn er am Tisch sitzt und bettelt oder dich zum Werfen seines Lieblingsspielzeugs auffordert. Dein Hund wird relativ schnell lernen, dass er mit seinem Verhalten keinen Erfolg hat und wird es daraufhin einstellen. Wichtig ist aber, dass du ihn wirklich ignorierst, also weder auf seine Forderung eingehst, noch mit ihm sprichst, ihn nicht einmal anschaust. Selbstbelohnendes Verhalten wie Buddeln oder Klauen von Lebensmitteln wird der Hund jedoch nicht einstellen, wenn du ihn dabei ignorierst. Denn er verschafft sich seine Belohnung in dem Fall ja selbst.

### Abbruchsignal „Nein“

Dein Hund muss lernen, ein Verbot zu akzeptieren. Dazu kannst du mit ihm üben, dass er Futter nur auf das Signal „Nimm“ nehmen darf. Geht er ohne das Signal an das Futter, verbietest du ihm dies mit dem Signal „Nein“.

**Schritt 1:** Nimm ein Futterstück in die Hand. Halte dieses deinem vor dir wartenden Hund auf der offenen, flachen Hand vor die Nase. Anfangs solltest du deine Hand noch ein Stück von der Nase deines Hundes entfernt halten, später kann sie sich auch direkt vor seiner Nase befinden. Möchte dein Hund das Futterstück von deiner Hand nehmen, schließt du sie.

**Schritt 2:** Zieht er sich zurück, öffnest du deine Hand wieder. Jedes Mal, wenn dein Hund nun versucht, das Futter von deiner Hand zu nehmen, schließt du diese. Wartet dein Hund jedoch brav ab, bewegst du deine Hand in seine Richtung und gibst das Futterstück mit dem Signal „Nimm“ frei.

**Schritt 3:** Hat dein Hund gelernt, dass er Futter aus deiner Hand nur fressen darf, wenn du ihm das Signal „Nimm“ gibst, legst du das Leckerli auf den Boden vor dich. Anfangs befindest du dich dabei noch in der Hocke, sodass du schnell die Hand über das Futter legen kannst, wenn dein Hund doch noch einmal versuchen sollte, sich das Futter ohne deine Freigabe zu nehmen.

**Schritt 4:** Führe ein Abbruchsignal wie das Wort „Nein“ oder „Falsch“ ein, wenn dein Hund versucht, an das Futterstück zu gelangen.

**Schritt 5:** Nun kannst du die Anforderungen steigern, indem du nicht nur Futter, sondern auch begehrte Leckerlis wie Fisch, Fleisch oder Käse verwendest. Du kannst das Futter auch dicht vor deinen Hund oder sogar zwischen seine Pfoten legen. Profis können es sogar auf den ausgestreckten Beinen des liegenden Hundes platzieren. Du kannst das Futter dann auch draußen auslegen, ohne dass dein Hund dies mitbekommt. So ist er nicht darauf vorbereitet und wird vielleicht doch noch einmal versuchen, das Futter aufzunehmen. Da du die Stelle, an der das Futter liegt, jedoch kennst, bist du vorbereitet und kannst dies durch das Abbruchsignal verhindern.

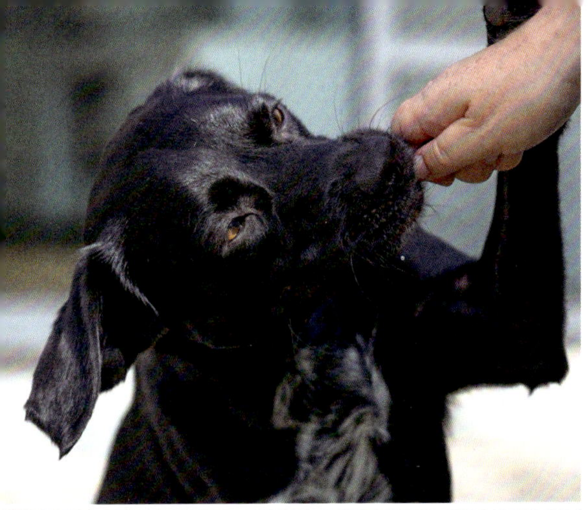

Schließe die Hand, wenn dein Hund versucht, ans Futter zu kommen.

Wartet er ruhig, öffne deine Hand mit dem Futter darin.

Auf Signal „Nimm“ darf er sich das Futter nehmen.

## Tabu

Dein Hund muss auch lernen, dass manches wirklich immer verboten ist. Darf er beim „Nein“ das Futter aufnehmen, wenn es vom Menschen mit dem Signal „Nimm“ freigegeben ist, soll dein Hund beim Signal „Tabu“ lernen, ein ständiges Verbot zu akzeptieren. So ist es beispielsweise immer verboten, dir Nahrung vom Teller zu klauen, das Brötchen aus der Hand zu reißen, dich anzuspringen oder den Teppich zu zerstören.

**Schritt 1:** Wichtig bei der Etablierung eines Tabus ist das beherzte, zügige Eingreifen, ohne zu zögern. Spiele mit etwas, mit dem dein Hund nie spielen darf. Spiele nun so auffällig und ausgelassen, dass dein Hund Interesse an dem Gegenstand entwickelt. Halte kurz inne, lasse den Gegenstand vor dich fallen und wirke für einen kurzen Moment uninteressiert. In dem Moment, in dem dein Hund „deinen“ Gegenstand berühren möchte, sprichst du mit ruhiger Stimme das Wort „Tabu“ aus und greifst unmittelbar und ruhig auch etwas fester über seinen Fang. Löse den Griff sofort wieder, nimm den Gegenstand auf und gehe weg. Diese Form des Schnauzgriffs nutzen auch Hunde untereinander, um Tabus durchzusetzen.

**Schritt 2:** Wiederhole diese Übung noch mit anderen Gegenständen sowie an unterschiedlichen Orten, damit dein Hund generalisiert, dass das in diesem Augenblick gezeigte Verhalten an sich nicht erwünscht ist, und damit er einen eindeutigen Bezug zu dem Wort und nicht zu der jeweiligen Situation bekommt. Nach wenigen Übungen brauchst du zukünftig lediglich das Wort „Tabu“ aussprechen, damit dein Hund versteht, dass er die gerade ausgeführte Handlung abbrechen soll.

# Erziehung —

## Training, Beschäftigung und Problemlösung

# Grundsignale einfach lernen

Damit dein Hund auf dem Spaziergang und im Alltag möglichst viel Freiheit genießen kann, muss er einige Signale erlernen.

Training soll dir und deinem Hund Spaß machen. Baue Signale daher nach dem Trainingsprinzip der positiven Verstärkung auf. Hierbei wird dem Hund nach dem erwünschten Verhalten eine angenehme Folge, also eine Belohnung, gegeben. Probiere aus, welche Belohnung für deinen Hund die richtige ist. Ein Hund, dem Futter nicht wirklich wichtig ist, wird einen Brocken Trockenfutter nach einer Übung daher wohl kaum als etwas Angenehmes, als etwas Besonderes empfinden. In diesem Fall solltest du als Belohnung ein besonders schmackhaftes Leckerchen wie z. B. ein Stück Fleisch wählen. Insbesondere bei Straßenhunden solltest du nach einer Belohnung suchen, die der Hund kennt. Viele Straßenhunde würden für Pommes Frites z. B. alles tun. Alternativ kannst du deinem Hund auch ein Spielzeug werfen, also eine Beute als Belohnung anbieten. Als dritte Belohnungsvariante kannst du deinem Hund nach dem Verhalten Sozialkontakt anbieten, indem du ihn lobst und streichelst. Welche Variante du wählst, hängt von deinem Hund und seinen Vorlieben ab. Natürlich kannst du auch zwischen den verschiedenen Belohnungen wechseln, so bleibt es für deinen Hund immer spannend.

Gestalte das Training immer so, dass du deinen Hund weder über- noch unterforderst. Baue dazu ausreichend Pausen ein. Auch wenn du dir Ziele vornimmst, setze dich und deinen Hund nicht unter Druck. Dein Hund muss nicht innerhalb von drei Wochen alle Signale bis zur Perfektion beherrschen.

Die ehemalige Straßenhündin Melly liebt Pommes Frites im Futterbeutel, dafür apportiert sie gern.

## Bleiben

Welche Position dein Hund einnimmt, wenn du ihm das Signal „Bleib" sagst, spielt keine Rolle. Er kann sitzen, liegen oder stehen. Wähle für den Aufbau des Bleibens die Position, die ihm am leichtesten fällt. Wenn du keine bestimmte Position vorgibst, darf dein Hund auch eigenständig die Position wechseln.

**Schritt 1:** Für die erste Bleib-Übung solltest du mehrere Leckerlis in deiner Hand halten. Steht, liegt oder sitzt dein Hund vor dir, gibst du ihm eines der Leckerlis, und sobald er dieses geschluckt hat, ein weiteres. Wichtig ist, dass du ihm die Leckerlis unmittelbar nacheinander gibst, sodass er gar nicht erst aufstehen kann. Nach einigen Leckerlis beendest du das Bleiben, indem du deine Hand schließt und die Übungseinheit mit einem Freigabesignal wie „Okay" auflöst. Dein Hund lernt so, dass es sich lohnt, auch nach der erfolgten Belohnung an Ort und Stelle zu bleiben, da es unter Umständen noch weitere Leckerlis gibt. Variiere die Übung dabei von Anfang an, indem du das Freigabesignal mal nach drei Leckerlis, mal nach fünf und dann wieder nach zwei Leckerlis sagst. Dein Hund weiß also nie genau, wann die Übungseinheit beendet ist und wird so immer motiviert mitmachen.

**Schritt 2:** Nun zögerst du die Leckerchengabe ein wenig hinaus, du wartest also ein bis zwei Sekunden, bevor dein Hund das nächste Leckerli bekommt. Diese Zeit steigerst du immer mehr, bis dein Hund ca. zehn Sekunden an Ort und Stelle bleibt und auf die nächste Belohnung wartet.

**Schritt 3:** Wenn du dir nach einigen Übungen sicher bist, dass dein Hund bleibt, sagst du währenddessen „Bleib" (Hörzeichen). Nach einigen Wiederholungen hat dein Hund die Handlung „an Ort und Stelle bleiben" zuverlässig mit dem Hörzeichen verknüpft, sodass du es als Signal für das Verhalten nutzen kannst. Dein Hund bekommt das Futter jetzt nur noch nach der Übung als Belohnung.

**Schritt 4:** Die für das Bleiben genutzte Handhaltung kannst du nun zum Sichtzeichen umwandeln, indem du nicht mehr die geschlossene, sondern die flach ausgestreckte nach oben zeigende Hand vor dich hältst.

**Schritt 5:** Jetzt muss dein Hund noch lernen, sitzen zu bleiben, wenn du von ihm weggehst. Dazu bewegst du dich nach dem „Bleib" einmal auf der Stelle und belohnst ihn. Hält dein Hund die Bewegung aus, stellst du einen Fuß nach hinten, allerdings noch ohne dein Gewicht nach hinten

Angela bewegt sich zunächst nur auf der Stelle, während Miss Marple ruhig sitzen bleibt.

Nun bewegt sich Angela ein paar Schritte rückwärts. Dabei zeigt sie das Handzeichen für „Bleib".

zu verlagern. Nachdem du den Fuß wieder neben deinen anderen Fuß gestellt hast, belohnst du deinen Hund. Im nächsten Schritt machst du einen Wiegeschritt, du verlagerst also dein Gewicht jetzt auch auf dein nach hinten ausgestelltes Bein. Dann bist du so weit, dass du auch dein anderes Bein einen Schritt nach hinten stellen kannst. Wichtig ist, dass du weiterhin immer wieder zu deinem Hund zurückgehst und ihn dafür belohnst, dass er sitzen geblieben ist.

**Schritt 6:** Nun baust du Schritt für Schritt das Bleib auf, indem du zwei Schritte vom Hund weggehst, dann drei usw. Entferne dich zu Beginn immer rückwärts sowie in Blickrichtung deines Hundes. Er würde in der Anfangsphase des Trainings sonst jede Richtungsänderung mit dem Kopf mitmachen und dir vermutlich folgen. Erst wenn dein Hund zuverlässig sitzen bleibt, kannst du auch mit dem Rücken zu ihm von ihm weggehen sowie dich auch seitlich entfernen oder ihn sogar einmal ganz umkreisen. Steigere nun die Entfernung und die Zeit, in der dein Hund bleiben soll. Ist er in der Lage, ca. drei Minuten und in einer Entfernung von ca. 30 Metern zuverlässig zu bleiben, kannst du dich auch für kurze Zeit aus seinem Blickfeld entfernen. Gehe kurz hinter einen Baum, komme nach zwei bis drei Sekunden wieder zurück und belohne ihn.

Murphy ist bereits ein richtiger Profi beim Bleib-Training. Selbst wenn Daniela um ihn herum hüpft, bleibt er ruhig sitzen.

Ridgeback-Mix Rüde Murphy bleibt brav stehen, während Daniela einen Ball wirft.

**Schritt 7:** Du kannst auch weitere Ablenkungen einbauen, indem du um deinen Hund herumhüpfst, dich auf den Boden legst oder einen Ball wirfst.

**Vorsicht:** Steht dein Hund auf, während du dich rückwärts entfernst, gehst du mit ihm wortlos zu der Stelle zurück, an der er sich befand, als du ihm das Signal „Bleib" gegeben hast. Nun beginnst du die Übung neu, dieses Mal jedoch etwas einfacher. Entferne dich also nicht so weit von deinem Hund, sondern gehe nur wenige Schritte von ihm weg oder bewege dich erst einmal noch weiterhin auf der Stelle.

## Kommen

Zuverlässig zu kommen, wenn du ihn rufst, kann für deinen Hund lebensrettend sein. Übe dieses wichtige Signal daher intensiv, bis du deinen Hund aus jeder Situation und von jedem Reiz abrufen kannst. Doch auch diese Übung musst du wieder in sehr kleinen Schritten aufbauen.

Damit dein Hund kommt, mache dich klein, klatsche in die Hände.

Wähle für das Kommen eine Belohnung, die dein Hund sehr mag.

**Schritt 1:** Dein Hund läuft in der Wohnung umher oder liegt auf seinem Platz. Rundherum sollte es aus Hundesicht ziemlich langweilig sein. Sprich ihn nun in einem freundlich animierenden Ton mit seinem Namen an. Im ersten Schritt kommt es nun wieder darauf an, dass du deinen Hund motivierst, das gewünschte Verhalten auszuführen. Um ihn zu dir zu locken, kannst du dich z. B. in die Hocke setzen, in deine Hände klatschen, mit der Zunge schnalzen oder dich ein paar Schritte rückwärts von ihm wegbewegen. Dies animiert die meisten Hunde dazu, der Bewegung ihres Menschen zu folgen. Diese Schritte in deine Richtung kannst du nun bereits belohnen, indem du ihm ein für ihn besonders begehrenswertes Leckerchen gibst.

**Schritt 2:** Kommt dein Hund zuverlässig zu dir, ist es an der Zeit, ein Hörzeichen einzuführen, z. B. „Hier". Anfangs fügst du das Hörzeichen hinzu, kurz bevor dein Hund bei dir angekommen ist. Falls er doch einmal auf dem Weg zu dir etwas Spannendes in die Nase bekommt und abbiegt, besteht so zumindest keine Verknüpfung mit dem neuen Signal. Je zuverlässiger dein Hund zu dir kommt, desto früher kannst du das Hörzeichen sagen, bis du es schließlich als Signal für das Kommen nutzen kannst.

**Schritt 3:** Erst wenn dein Hund verstanden, also gelernt hat, dass er auf dein Signal so schnell wie möglich zu dir zurückkommen soll, fügst du nach und nach immer größere Ablenkungen hinzu. Dabei hängt es individuell vom Hund ab, welche Ablenkung er als einfach oder schwierig empfindet, probiere unterschiedliche aus und beobachte ihn dabei: Futter, andere Menschen, andere Hunde, Menschen/Hunde in Bewegung, sich bewegende Beute etc.

Die Hundepfeife eignet sich als Alternative zum Signalwort „Hier“ für das Training des Rückrufs.

## Die Hundepfeife

Für den Rückruf bietet sich der Einsatz einer Hundepfeife an. Diese kann dein Hund auch bei windigem Wetter, starken Nebengeräuschen und in weiter Entfernung gut hören. Sie bleibt dabei emotional neutral, was uns Menschen beim Rufen oft nicht leichtfällt. Allein schon ein lautes Rufen können wir meist nicht in nettem, freundlichem Ton. Wenn dann noch Sorge hinzukommt, weil der Hund sich etwas zu weit entfernt hat, ist es in der Regel vorbei mit dem freundlichen Rufen: Und diese Anspannung merkt dann auch dein Hund.

### Aufbau des Rückrufs mit Pfeife

Der Aufbau des Rückrufs auf einen bestimmten Pfiff erfolgt analog zum bereits beschriebenen Aufbau des Hörzeichens „Hier“. Hat dein Hund das Signal „Hier“ bereits gut gelernt, kannst du auch damit den neuen Pfiff aufbauen. Lasse deinen Hund frei laufen. Pfeife nun das neue Signal mit der Pfeife und rufe deinen Hund direkt danach mit dem bereits erlernten Signalwort „Hier“. Dein Hund verknüpft so die beiden Signale und lernt, dass der Pfiff offensichtlich die gleiche Bedeutung hat wie das Signal „Hier“.
Wiederhole dies mehrfach in den unterschiedlichsten Situationen über einen Zeitraum von einigen Wochen, bis dein Hund gelernt hat, auch nur auf den Pfiff zu kommen. Achte bei diesem Training darauf, zuerst das neue Signal und dann das bereits erlernte Signal zu verwenden. Würdest du deinen Hund zuerst mit dem Signal „Hier“ rufen und danach erst pfeifen, wäre er (vorausgesetzt, er reagiert auf dein Signal) bereits auf dem Rückweg zu dir. Die Gefahr, dass er nun gar nicht mehr mitbekommt, was du danach noch machst, ist sehr groß, sodass es bei dieser Variante in der Regel länger dauert, bis dein Hund das neue Signal lernt.

**PFEIFE AUS KUNSTSTOFF**

Ich empfehle eine Pfeife aus Kunststoff, diese gibt es in verschiedenen Tonhöhen. Sollten mehrere Familienmitglieder eine Pfeife benutzen oder aber einmal eine Pfeife verloren gehen, kannst du einfach eine zweite bzw. eine neue Pfeife kaufen, ohne deinen Hund an einen neuen Ton gewöhnen zu müssen. Mit dieser Pfeife hast du zudem die Möglichkeit, deinem Hund verschiedene Signale zu geben. Für ein Halt oder Stopp auf Entfernung bietet sich z. B. ein einzelner langer Pfiff an, für das „Hier“ verwende ich dagegen zwei kurze, eher animierende Pfiffe

## Stoppen

Heutzutage wird ein Stopp in der Distanz immer wichtiger, denn immer mehr Menschen sind nicht nur mit dem Fahrrad, sondern mit dem E-Bike unterwegs, wodurch sie sich mit hohem Tempo fortbewegen. Dabei bleibt dann meist keine Zeit mehr, den Hund gefahrlos, ohne dass er vor das Fahrrad läuft, zurückzurufen.

**Schritt 1:** Beginne das Training, wenn sich dein Hund im Freilauf befindet. In einem Augenblick, in dem er nicht weit von dir entfernt ist, sprichst du ihn mit seinem Namen an. Kennt er aus dem Training bereits die Hör- oder Sichtzeichen für die Signale „Steh", „Sitz" und/oder „Down", kannst du diese nun verwenden. Jetzt gehst du zu deinem Hund und belohnst ihn an Ort und Stelle für das Anhalten. Danach gibst du ihn wieder frei und startest die Übung von Neuem.

**Schritt 2:** Vermutlich möchte sich dein Hund nun nicht mehr gern von dir entfernen, da er nur darauf wartet, dass du ihn abstoppst und er eine Belohnung erhält. Damit du ihn jetzt aber in einer immer weiteren Distanz abstoppen kannst, wirfst du ein gut sichtbares Leckerli (ein großes Stück Käse ist gut sichtbar in grüner Wiese) oder einen Apportiergegenstand wie einen Ball. Zum Werfen nimmst du die Hand weit nach oben über deinen Kopf, da dein Hund so nicht erkennen kann, ob du den Ball wirklich wirfst. Dein Hund darf nun mehrfach den von dir geworfenen Ball direkt holen, er soll den Wurf gut verfolgen und die Fallstelle deutlich sehen können. Nach einigen Wiederholungen deutest du das Werfen an, wirfst aber nicht. Dein Hund wird in Erwartung des Wurfes in die angedeutete Richtung rennen. Sobald er stehen bleibt und dich fragend anschaut, da er keinen Ball sieht, signalisierst du ihm mit dem zuvor eingeführten

Sprich deinen Hund an, wenn er sich etwas von dir entfernt hat.

Fordere deinen Hund auf, die gewünschte Position einzunehmen.

Gehe zu ihm und belohne ihn an Ort und Stelle.

Hör- und Sichtzeichen, dass er dort bleiben soll. Nun kannst du ihn wieder an Ort und Stelle belohnen. Später kannst du den Ball auch zur Belohnung werfen und er darf von dort aus loslaufen und ihn holen.

**Alternativ/Schritt 3:** Du kannst für das Abstoppen auch ein neues Signal wie einen Pfiff etablieren. Dieser sollte sich eindeutig vom Pfiff für das Zurückkommen unterscheiden. Als Pfiff für das Abstoppen eignet sich ein langgezogener einzelner Pfiff. Ein Hund, der schnell und jagend unterwegs ist, wird einen kurzen Pfiff häufig gar nicht wahrnehmen. Genauso wie beim Abrufen ist es wichtig, dass du das neue Signal vor dem bereits bekannten Signal verwendest. Du sprichst deinen Hund also an, pfeifst das neue Signal und hebst direkt danach die Hand, um ihm so zu signalisieren, welche Position er einnehmen soll oder sprichst das für die Position etablierte Hörzeichen aus.

## Leinenführigkeit

Nichts ist nervender, als wenn dein Hund die ganze Zeit an der Leine zieht. Am Ende des Spaziergangs schmerzt die Schulter, und auch für deinen Hund ist der Zug durch die Leine mit Sicherheit alles andere als angenehm.

**Schritt 1:** Für das Training der Leinenführigkeit kannst du die Leine in das Halsband deines Hundes einhaken. So lernt dein Hund, dass er ziehen darf, wenn die Leine am Geschirr befestigt ist, jedoch an lockerer Leine laufen soll, wenn du ihn am Halsband führst. In der ersten Trainingsphase trägt dein Hund daher sowohl Geschirr als auch Halsband, sodass du die Leine je nach Situation am Halsband oder am Geschirr befestigen kannst.

**Schritt 2:** An welcher Seite soll dein Hund bei Fuß laufen? Für ihn hat es keine Bedeutung, ob er links oder rechts läuft. Optimal ist, wenn du deinem Hund eine ordentliche Leinenführigkeit an beiden Seiten beibringst. Erst die eine, und wenn diese sicher gelernt ist, kommt die andere hinzu. So kannst du ihn z. B. auf die andere Seite nehmen, wenn euch ein Hund entgegenkommt, der vielleicht nicht so verträglich ist und mehr Abstand benötigt. Beide Seiten gleichzeitig zu trainieren, wird deinen Hund verwirren und den Lernprozess verlangsamen. Entscheide dich also erst einmal für eine Seite. Für das Laufen an der jeweiligen Seite kannst du ein deutliches Sichtzeichen einführen, wie mit der Hand an die jeweilige Seite zeigen oder dir mit der jeweiligen Hand auf das Bein klopfen sowie ein separates Hörzeichen wie das Signal „Links“ oder „Rechts“ bzw. „Fuß“ oder „Hand“ verwenden.

**Schritt 3:** Mache deinen Hund auf den Trainingsbeginn aufmerksam und klicke die Leine vom Geschirr ins Halsband. Würdest du nun einfach loslaufen, könnte es sein, dass dein Hund in diesem Augenblick gar nicht aufmerksam ist, die Leine würde sich direkt spannen. Daher trainierst du zunächst einmal ein Aufmerksamkeitssignal, das deinem Hund signalisiert, dass etwas passiert, z. B. das Loslaufen oder ein Richtungswechsel. Als Signal kannst du entweder ein Geräusch wie ein Schnalzen wählen oder aber auch einfach ein besonderes Wort wie „Look“ oder „Schau“. Dazu nimmst du in einer Umgebung mit wenigen Ablenkungen Leckerlis in die Hand, die dein Hund besonders gern mag. Nun wartest du, bis dein Hund dich anschaut. Das Anschauen kannst du auch provozieren, indem du dich bewegst, in die Hocke gehst oder z. B. rückwärts läufst. In diesem Augenblick belohnst du deinen Hund, z. B. mit einem Lobwort wie „Prima“ und einem Futterstück aus deiner Hand.

Zieht der Hund ständig an der Leine, ist das weder für ihn, noch für seinen Menschen angenehm.

Dieses kannst du auch über den Boden kullern lassen, sodass sich dein Hund von dir wegbewegen und den Blickkontakt zu dir unterbrechen muss. Schaut er dich erneut an, belohnst du ihn wieder. Nach einigen Wiederholungen fügst du in dem Augenblick, in dem dein Hund dich anschaut, das neue Hörzeichen hinzu, sodass er nach einiger Zeit die Handlung „Anschauen" mit dem Signal verknüpft hat. Nun muss er noch lernen, dich so lange anzuschauen, bis du das Signal auflöst. Dazu verlängerst du Schritt für Schritt die Zeit, die dein Hund dich anschauen muss, bevor du das Signal auflöst und er eine Belohnung bekommt. In weiteren Trainingsschritten fügst du jetzt noch Ablenkungen hinzu. Wenn das klappt, trainierst du das Signal nicht nur in der Ruheposition, sondern auch, während dich dein Hund bei Fuß begleitet.

**Schritt 4:** Nun geht es los mit dem ersten Schritt an der Leine. Sprich deinen Hund dazu erst einmal mit dem neu erlernten Aufmerksamkeitssignal an. Schaut er dich daraufhin an, läufst du einen Schritt geradeaus. Dein Hund wird neugierig auf das, was nun kommt, folgen. Da du wirklich nur einen Schritt nach vorne machst, wird die Leine dabei locker bleiben und du kannst ihn für diese tolle Leistung belohnen. Vielleicht denkst du jetzt, dass das doch eigentlich gar keine Leistung war? Für einen Schritt soll dein Hund bereits eine Belohnung erhalten? Ja, denn dieser eine Schritt ist die Grundlage für alle weiteren. Daher musst du für das Training dieses ersten Schrittes wirklich viel Zeit und eben auch viel Belohnung verwenden! Je besser dein Hund diesen Anfang lernt, desto leichter werden ihm die folgenden Schritte fallen, und zwar wortwörtlich!

**Schritt 5:** Folgt dein Hund dir immer aufmerksam an lockerer Leine für einen Schritt, erhöhst du die Schrittanzahl auf zwei bis drei Schritte. Wechsle nun die Anzahl der Schritte, mal belohnst du direkt nach einem Schritt, mal nach zwei oder drei Schritten. Dein Hund darf nie wissen, wann die Belohnung erfolgt. So bleibt er immer aufmerksam, denn es könnte ja bei jedem Schritt so weit sein! Verlängere nun schrittweise die Strecke immer weiter. Keine Angst, du musst ihn zukünftig nicht für jeden einzelnen Schritt belohnen. Denn sobald du das Training steigerst, also sobald du zwei, drei und mehr Schritte läufst, bekommt dein Hund die Belohnung nur noch für die gesteigerte Anzahl von Schritten. Belohnt wird also immer die Übungseinheit. Später belohnst du deinen Hund dann nur noch, wenn er eine Zeit lang neben dir hergelaufen ist und ihr beide dabei mehrere Richtungswechsel, Wendungen und Stopps durchgeführt habt.

**Schritt 6:** Jetzt kannst du auch ein Hörzeichen hinzufügen. Dieses ist im Grunde genommen nicht notwendig, denn dein Sichtzeichen für „Entspannt-an-der-Leine-laufen" hast du ja bereits zu Beginn aufgebaut, das Führen am Halsband. Dennoch macht ein Hörzeichen wie das Signal „Fuß" Sinn, da du deinen Hund damit später auch einmal ohne Leine nahe bei dir führen kannst. Füge das Hörzeichen hinzu, wenn dein Hund an lockerer Leine neben dir läuft, sodass er es mit dem richtigen Verhalten verknüpfen kann.

**Schritt 7:** Mithilfe anderer Menschen oder sogar Mensch-Hund-Teams kannst du das Training abwechslungsreich gestalten. Ein Mensch, der eng umrundet werden muss, ist eine große Ablenkung für deinen Hund. Anfangs führst du ihn noch an der Außenseite, später gehst du den Kreis auch andersherum und führst deinen Hund an der Innenseite. Er soll sich weiterhin auf dich konzentrieren und den Menschen nicht anspringen oder beschnüffeln. Sitzt nun noch ein anderer Hund neben dem Menschen, der umrundet werden soll, wird es richtig schwer! Du kannst auch Gegenstände oder Futter auf dem Boden auslegen. Laufe zu Beginn im weiten Abstand am Gegenstand vorbei, bis du irgendwann deinen Hund ganz nah oder sogar über diesen laufen lassen kannst.

**Schritt 8:** Diese Übung solltest du erst beginnen, wenn dein Hund dir eine längere Strecke/Zeit an der lockeren Leine folgt. Du startest wie gewohnt mit dem Hörzeichen „Fuß", dein Hund ist nicht angeleint neben dir. Bitte mache jetzt nichts anders als zuvor, als die Leine noch am Hund befestigt war. Beginne in absolut reizarmer Umgebung. Viele Menschen wirken nun, weil sie Angst haben, der Hund würde sich ohne Leine anders verhalten, viel mehr auf ihn ein. Und genau diese Unsicherheit bringt den Hund dann dazu, sich abzuwenden, um sich mit anderen Dingen zu beschäftigen. Sei aber auch nicht naiv und denke: „Ach prima, an der Leine klappt's, also geht's auch ohne." Habe die Konsequenz und die Geduld, auf die gleiche Art und Weise wie zuvor mit angeleintem Hund, also in vielen kleinen Teilschritten, das Laufen ohne Leine zu üben.

Rechts: Hat dein Hund Probleme bei der Begegnung mit Hunden, ist eine gute Leinenführigkeit wichtig.

# Beschäftigung

Wer seinen Hund beschäftigt, mit ihm trainiert, gemeinsam mit ihm Aufgaben löst, der stärkt die gemeinsame Bindung und fördert die Orientierung des Hundes an seinem Menschen.

Gehst du mit deinem Hund einer Aufgabe nach, die euch beiden Spaß macht, werden sogenannte „Glückshormone“ freigesetzt. Glück ist sicherlich ein eher menschlicher Begriff, der für Hunde nur bedingt zutrifft. Dennoch kann man diesen Begriff durchaus auch auf Hunde übertragen. Hunde sind dann glücklich, wenn sie zufrieden und ausgelastet sind, weil ihre Bedürfnisse, wie z. B. Hunger, Durst, sozialer Kontakt sowie ausreichend Schlaf und Bewegung, erfüllt wurden und sie ihren Veranlagungen nachgehen durften. In Bezug auf Glück beim Hund spielt also die Veranlagung, der Charakter des Hundes eine große Rolle, und es ist somit deine Aufgabe, hier individuell auf deinen Hund einzugehen und seinen Charakter einzuschätzen. Wenn du ihn im Alltag genau beobachtest, wirst du schnell erkennen, ob er viel die Nase einsetzt, sich gern mit Beute beschäftigt oder lieber rennt und über Baumstämme klettert.

## Futtersuchspiele

Die einfachste Variante eines Schnüffelspiels ist die Futtersuche. Dazu gehst du mit deinem Hund auf eine Wiese, nimmst ein paar Futterbrocken in die Hand und wirfst diese im weiten Bogen in das Gras. Da dein Hund anfangs direkt hinterherlaufen darf, fügst du in dem Augenblick, in dem du das Futter auswirfst, ein Hörzeichen wie z. B. „Such“ hinzu. Nun darf dein Hund ausgiebig auf der Wiese schnüffeln und die einzelnen Futterbrocken finden und fressen.

Natürlich kannst du die Futterbrocken auch auswerfen, ohne dass dein Hund dies beobachtet. Gehe dann mit ihm zu der vorbereiteten Stelle. Nimmt dein Hund auf einmal die Nase hoch und beginnt interessiert zu schnuppern? Dann hat er die Futterstücke bereits in der Nase. Achte nun darauf, dass er weiterhin bei dir bleibt, notfalls mithilfe der Leine, denn er soll sich ja nicht einfach selbstständig auf die Suche begeben. Bist du mit deinem Hund an der vorbereiteten Stelle angekommen, schickst du ihn mit deinem Signal zur Suche.

Tobi darf die Futterstücke, die Eva in die Wiese wirft, suchen. Als Beagle liebt er es, die Nase einzusetzen.

Josephine wirft Futterbrocken in den Karton, während Watson zuschauen und warten muss.

Der Karton darf nur so hoch sein, dass Watson mit dem Kopf hineinkommt, um das Futter zu suchen.

**Variante 1:** Du kannst auch einzelne Futterbrocken werfen. Dein Hund darf diesen direkt hinterherjagen. Wenn du größere runde Futterbrocken verwendest und das Futter auf einem glatten Boden auswirfst, rollt es sogar noch ein Stück weiter, bevor es liegen bleibt, wodurch sich die Spannung für deinen Hund erhöht.

**Variante 2:** Du kannst die Futterbrocken auch in einen mit Papierknäueln gefüllten Karton werfen. Achte dabei darauf, dass die Kiste nur so hoch ist, dass dein Hund gut mit dem Kopf darin nach dem Futter suchen kann. Dein Hund muss sich nun durch die Kiste wühlen und zwischen den Papierknäueln suchen, um an das Futter zu gelangen. Verwende aber bitte keine zu kleinen Papierschnipsel, damit dein Hund das Papier nicht noch mitfrisst.

## Intelligenzspiele

Wer ein wenig handwerklich begabt ist, kann seinem Hund Futterspiele bauen. Der Hund kann dabei Schubladen herausziehen, Deckel aufklappen oder hochnehmen, Schieber zur Seite schieben oder auch drehen. Wenn du diese ganzen Möglichkeiten noch in einem Spiel kombinierst und dein Hund erst mehrere Aktionen durchführen muss, um an das Futterstück zu gelangen, sind die möglichen Variationen sehr vielfältig. Sei einfach kreativ und lasse dir immer neue Spiele einfallen. Für all diejenigen, die keine Möglichkeit haben, ihrem Hund Spiele selbst zu bauen, gibt es im Handel Futterspiele, die meistens als Intelligenzspiele bezeichnet werden, in den unterschiedlichsten Varianten und Schwierigkeitsstufen zu kaufen. Achte darauf, dass diese Spiele robust und nicht bereits nach zwei oder drei Spieldurchgängen beschädigt sind. Geeignet sind hierbei in der Regel Spiele aus festem Holz, da diese durchaus auch dem Einsatz von Krallen und Zähnen standhalten. Spiele aus Plastik eignen sich nur für vorsichtige Hunde.

Mit der Pfote dreht Mila die Flasche um, damit sie an die darin versteckten Leckerlis kommt.

## Beutespiele

Beute machen ist für Hunde natürlich, nahezu jeder Hund hat schon einmal einen Gegenstand, der ihn interessiert hat, ins Maul genommen und in sein Körbchen geschleppt, um ihn näher untersuchen zu können. Daher haben die meisten Hunde Spaß am Apportiertraining.
Damit dein Hund lernt, einen Gegenstand, den er spannend findet, zu dir zurückzubringen, befestigst du eine Schleppleine am Geschirr. Starte das Spiel mit einem Gegenstand, den dein Hund besonders spannend findet, in einer ablenkungsfreien Umgebung wie z. B. in deinem Garten.

**Schritt 1:** Motiviere deinen Hund, dem Gegenstand hinterherzulaufen, indem du diesen vor seiner Nase von ihm wegziehst. Springt dein Hund dem Gegenstand begeistert hinterher, wirfst du ihn ein kleines Stück weg. Nimmt dein Hund den Gegenstand auf und entfernt sich damit von dir, lockst du ihn ruhig zu dir. Dabei kannst du die Schleppleine immer mehr verkürzen, bis dein Hund bei dir angekommen ist. Dort lobst du ihn ausgiebig, bevor du das Spiel erneut startest.

**Schritt 2:** Erst wenn dein Hund verstanden hat, dass er den Gegenstand zu dir bringen soll, fügst du ein Signal hinzu. Dies kann z. B. das Hörzeichen „Bring“ oder „Apport“ sein. Nach einigen Wiederholungen hat dein Hund verknüpft, dass er auf dieses Signal hin loslaufen soll, um einen Gegenstand zu dir zu bringen.

**Schritt 3:** Das Training kannst du nun unendlich variabel gestalten, indem du deinem Hund beibringst, zunächst sitzen zu bleiben, wenn du den Gegenstand wirfst. Du kannst auch mehrere Gegenstände auswerfen, und deinen Hund dann gezielt auf einen der Gegenstände schicken. Sei kreativ, dann bleibt dein Training für deinen Hund immer spannend.

### Zerrspiele

Die Frage, ob man mit einem Hund Zerrspiele machen darf oder nicht, ist vielfach unter Hundehaltern diskutiert. Natürlich handelt es sich bei einem Zerrspiel zunächst einmal um eine Beutestreitigkeit. Und hierbei besteht immer die Gefahr, dass aus einer spielerischen Streitigkeit ein ernsthafter Streit wird. Gehört dein Hund daher zu der Sorte, die sich schnell hochfährt, die sich beim Zerrspiel fest im Spielzeug verbeißt, die dabei vielleicht sogar anfängt, zu knurren, und im Extremfall sogar nach oben Richtung deiner Hand beißt, solltest du Zerrspiele besser vermeiden. Ist dein Hund aber eher zurückhaltend, kannst du das Zerrspiel in Maßen durchführen. So lernt dein Hund, dass er durchaus auch einmal aus sich herausgehen darf.

Apportieren eignet sich für das Training von Jugendlichen mit ihrem Hund besonders gut.

Ein Zerrspiel ist nur unter bestimmten Voraussetzungen sinnvoll und für Jugendliche eher nicht geeignet.

Insbesondere für Hunde mit Handicap eignen sich Balancierübungen, um das Körpergefühl zu verbessern.

## Aktivitätsspiele

Hunde lieben dynamische Aktivitäten, wie rennen, klettern und kriechen. Schaue dich auf dem Spaziergang in deiner Umgebung um und nutze, was du an natürlichen Hindernissen findest. Du kannst deinen Hund über einen Baumstamm oder eine niedrige Mauer balancieren lassen oder aber ihn unter einem Baumstamm oder einer Bank herkriechen lassen. Achte immer darauf, dass sich dein Hund dabei nicht verletzen kann. Der Baumstamm sollte z. B. fest auf dem Boden liegen und nicht wegrollen können.

Aktivitätsspiele kannst du sehr gut während des Spaziergangs einbauen.

# Problemverhalten und Management

Auch wenn viele Hunde aus dem Tierschutz vollkommen unproblematisch sind, gibt es doch einige Problemverhalten, die häufiger vorkommen.

Angefangen mit der Stubenunreinheit, weil der Hund bisher noch nie in einer Wohnung gelebt hat, über das Nicht-Alleinbleiben-Können bis hin zum unerwünschten Jagdverhalten. Zur Verzweiflung bringt viele Halter auch, wenn der Hund alles frisst, was er unterwegs findet. Große Probleme in Bezug auf Aggressivität und Angst sind zum Glück nicht die Regel, kommen aber durchaus auch vor.

## Gewöhnung an den Maulkorb

Es ist sinnvoll, jeden Hund an das Tragen eines Maulkorbs zu gewöhnen. Es kann immer einmal zu einer Situation kommen, in der er einen Maulkorb tragen muss, z. B. beim Tierarzt oder in öffentlichen Verkehrsmitteln. Bestehen Probleme mit aggressivem Verhalten, gewährleistet der Maulkorb Sicherheit.

**Schritt 1:** Lasse deinen Hund zunächst Futter aus dem Maulkorb fressen. Damit er länger mit der Nase im Maulkorb bleibt, kannst du eine Futtertube verwenden, die du von unten durch eine Öffnung im Maulkorb hältst. Dein Hund darf nun eine ganze Zeit lang schlecken. Wichtig ist, dass du selbst das Training beendest. Füge daher ein Signalwort wie „Okay“, „Ende“ oder „Kopf hoch“ hinzu und nimm die Futtertube weg. Dein Hund wird nun seine Schnauze aus dem Maulkorb nehmen und so das Signalwort mit dieser Handlung verknüpfen. Damit bereitest du vor, dass dein Hund lernt, die Schnauze so lange ruhig im Maulkorb zu halten, bis du diesen wieder abnimmst.

Der Maulkorb bietet Sicherheit, wenn ein Hund aggressives Verhalten gegenüber Artgenossen oder Menschen zeigt.

Gewöhne deinen Hund erst in kleinen Schritten an das Tragen des Maulkorbs, bevor du ihn einsetzt.

Gewöhne deinen Hund mit Tricks wie „Gib Pfötchen" an das längere Tragen des Maulkorbs.

**Schritt 2:** Jetzt führst du die Riemen des Maulkorbs nach oben um den Kopf deines Hundes herum. Diese werden in einer weiteren Übungseinheit nun kurz geschlossen. Gibt es damit keine Probleme, kannst du eine kleine Trainingseinheit, z. B. das Ausführen kleiner Tricks, mit Maulkorb durchführen. Dein Hund wird sich dadurch auf das Training konzentrieren und den Maulkorb vergessen. Zudem kannst du ihn immer wieder belohnen und so das Tragen des Maulkorbs durch das Training und die Belohnung positiv aufbauen.

**Schritt 3:** Jetzt muss dein Hund noch lernen, den Maulkorb auch dann zu tragen, wenn keine besonderen Aktivitäten erfolgen. Anstelle eines Trainings kannst du nun spazieren gehen. So kann dein Hund noch aktiv sein, schnüffeln und laufen. Versucht er dabei nicht mehr, sich den Maulkorb abzustreifen, kann er ihn immer wieder einmal auch in einer ruhigen Situation tragen. Kommt es doch noch einmal dazu, dass dein Hund versucht, den Maulkorb abzustreifen, darfst du nicht mit ihm schimpfen oder ihn dafür bestrafen. Vermutlich war die Zeit, die er den Maulkorb tragen sollte, zu lang. Du gehst in diesem Fall einfach einen Schritt im Training zurück.

## Stubenunreinheit

Viele Secondhand-Hunde haben in der Regel bisher auf der Straße gelebt und kennen daher das Leben in der Wohnung nicht. So kann es zu Problemen im Bereich der Stubenreinheit kommen, denn bisher konnte der Hund sich den Platz und die Zeit, zu der er sich löst, immer selbst aussuchen. Er ist bisher einfach seinen Bedürfnissen nachgegangen.

### Regelmäßig nach draußen

Baue das Training der Stubenreinheit wie mit einem Welpen auf. Gib deinem Hund alle zwei bis drei Stunden die Möglichkeit, sich zu lösen. Kommt es doch einmal zu einem Malheur, wischst du es einfach weg, ohne deinen Hund dafür zu bestrafen. Er weiß ja noch gar nicht, was du von ihm erwartest. Achte dann darauf, den Zeitabstand in Zukunft etwas zu verkürzen. Suche als Lösestelle einen Ort auf, den du schnell erreichen kannst. Wähle eine Stelle ohne viele Reize, damit dein Hund nicht abgelenkt ist oder aber sich unsicher fühlt. Füge immer dann, wenn dein Hund sich löst, ganz ruhig ein Signalwort wie z. B. „Mach fein" hinzu. So wird er sich in Zukunft, immer vorausgesetzt, er muss überhaupt, auf Signal lösen.

## Submissives Urinieren

Einige Secondhand Hunde sind zudem sehr unsicher, gerade in Bezug auf die Körpersprache des Menschen. Wenn sich der Mensch zur Begrüßung aus Sicht des Hundes „bedrohlich" über den Hund beugt, kann es zum submissiven, also unterwürfigen Urinieren kommen, der Hund möchte den Menschen beschwichtigen.
Unsichere Hunde bedürfen einer Verhaltensänderung seitens des Menschen, da sonst weiterhin submissives Verhalten gezeigt wird! Ist dein Hund unsicher, musst du ihn in Situationen, in denen das Verhalten auftritt, wie z. B. bei der Begrüßung, ignorieren. Fasse ihn nicht an, sprich ihn nicht an, schaue ihn nicht einmal an. Dies nimmt dem Hund die Anspannung und die Unsicherheit. Jede aus Sicht des Hundes bedrohliche Begegnung mit dem Menschen muss vermieden werden, du darfst also z. B. nicht frontal auf deinen Hund zugehen und ihn nicht zu überschwänglich begrüßen.

Frida reagiert defensiv aggressiv, wenn Menschen frontal auf sie zugehen.

Hockt sich der Mensch seitlich hin, nimmt sie vorsichtig Kontakt auf.

## Auf die Körpersprache achten

Insbesondere Secondhand-Hunde aus dem Ausland kommunizieren häufig sehr fein, denn sie verbringen den Großteil ihres Lebens innerhalb ihrer Hundegruppe. Ein kleiner Blick vom anderen reicht hier, um klarzumachen, dass der andere z. B. unerwünscht ist. Daher gibt es mit diesen Hunden in aller Regel auch kaum Probleme mit anderen Hunden. Sie wissen, wie man kommuniziert, sie sind nicht auf Streit aus und können andere Hunde sehr gut einschätzen.
Wenn Hunde mit dem Menschen zusammenleben sollen, müssen sie lernen, dass diese viel grober in der Körpersprache sind und viele Feinheiten der hündischen Kommunikation gar nicht erkennen. Ist ein Hund dies nicht gewohnt, kann es zu Problemen im Zusammenleben kommen. Schnell fühlt sich der Hund vom Menschen bedroht, weil dieser ihn direkt anschaut. Dabei war der Blick des Menschen gar nicht bedrohlich gemeint. Achte daher darauf, keine schnellen Bewegungen zu machen, nicht frontal auf deinen Hund zuzugehen und ihn eher seitlich zu streicheln. Du musst lernen, deinen Hund genau zu beobachten, denn nur so kannst du frühzeitig erkennen, wenn er sich bedroht oder unwohl fühlt! Gib deinem Hund immer auch die Möglichkeit, sich zurückzuziehen. Kann er nicht ausweichen, kann dies dazu führen, dass er defensiv aggressiv nach vorne geht. Dies solltest du aber natürlich in jedem Fall vermeiden.

Beim Spaziergang im Park findet der Mischlingsrüde Balu immer wieder einen besonderen Leckerbissen.

Seitdem Balu den Futterbeutel apportieren darf, ist er auch von einem Brötchen abrufbar.

## Selbstversorger

Viele Secondhand-Hunde haben bisher sehr selbstständig gelebt und gelernt, sich selbst zu versorgen. Sie kennen unendlich viele Strategien, um an den Mülleimer oder an die abgestellten Essensreste auf der Ablage in der Küche zu kommen. Sie entwickeln immer wieder neue Ideen, um den Menschen zu überlisten, indem sie Türen, Schubladen und Schränke öffnen. Auf dem Spaziergang wird jede Brotkante verzehrt, jeder kleinste Essensrest aufgenommen. Dieses Verhalten ist für den Menschen oft sehr unangenehm und kann für den Hund sogar den Tod bedeuten, denn nicht alles, was er seiner Meinung nach Fressbares findet, ist auch für ihn geeignet!

### Training mit dem Futterbeutel

Bei diesen Hunden bietet sich das Training mit dem Futterbeutel an, denn dieser entspricht dem Beuteschema des Hundes: Er beinhaltet Nahrung! Hierdurch lernt der Hund, dass er zwar Beute machen darf, aber den Menschen benötigt, um an die Nahrung zu gelangen.

Parallel dazu baust du mit deinem Hund ein zuverlässiges „Tabu“ und das Abbruchsignal „Nein“ sowie das Freigabesignal „Nimm“ auf. So lernt dein Hund nach und nach, was absolut verboten ist bzw. wann er auf deine Erlaubnis warten muss, sich Nahrung zu nehmen (siehe S. 124). Bitte nutze keine anonyme Korrektur, um deinem Hund beizubringen, im Haus keine Nahrung zu klauen. Ein herunterfallender Topf kann den Hund zwar erschrecken, sodass er sich nicht mehr traut, etwas von der Küchenanrichte zu nehmen. Es kann jedoch auch zu einer Traumatisierung des Hundes kommen, sodass er sich in der eigenen Wohnung nicht mehr sicher fühlt. Häufige Folge davon ist, dass der Hund nicht mehr allein bleiben kann.

### Immer im Auge behalten

In Bezug auf das unerlaubte Fressen muss man jedoch direkt sagen, dass es keine hundertprozentige Sicherheit geben wird. Daher solltest du deinen Hund immer gut im Auge behalten und ihm beibringen, sich nicht so weit von dir zu entfernen. In Gebieten, in denen die Wahrscheinlichkeit hoch ist, dass dein Hund etwas Fressbares findet, wie z. B. im belebten Park, führst du ihn an der Schleppleine. Zudem sollte er hier einen Maulkorb, oder alternativ ein Maulnetz tragen, sodass die Aufnahme von Fressbarem so weit wie möglich verhindert wird.

Hat dein Hund Stress, wenn er allein bleiben soll, musst du es in kleinen Schritten mit ihm aufbauen.

Jessica verabschiedet sich nicht von Filou, wenn sie aus dem Haus geht. Filou bleibt entspannt liegen.

## Nicht-Alleinbleiben-Können

Viele Secondhand-Hunde haben in einer Gruppe gelebt und kennen es daher nicht, allein gelassen zu werden. Nun sollen sie oftmals für vier oder mehr Stunden am Tag allein bleiben, wenn der Mensch z. B. zur Arbeit muss. Zudem hatten sie oft niemanden, dem sie vertrauen konnten, an dem sie sich orientieren konnten. Bauen sie nun eine feste Bindung zu einem Menschen auf, wird diese häufig extrem stark. Sie schließen sich dem Menschen voll und ganz an, erleichtert, endlich jemanden zu haben, der sich um sie und ihre Bedürfnisse kümmert. Diese Hunde entwickeln daher nicht selten Trennungsangst. Diese ist leider jedoch nur sehr schwer therapierbar, oftmals lassen sich maximal kleine Erfolge erreichen, indem der Hund für einen sehr kurzen Zeitraum zumindest einmal am Tag allein bleiben kann. Sehr häufig müssen die Menschen aber ihr Leben umstellen, indem sie den Tagesablauf so planen, dass der Hund sie immer begleiten kann oder aber immer eine Person zu Hause beim Hund bleibt.

### Üben in kleinen Schritten

Die erste Übung, damit dein Hund lernt, entspannt allein zu Hause zu bleiben, erfolgt im Grunde genommen schon dann, wenn du nur einmal kurz aus dem Haus gehst, um z. B. den Müll hinauszubringen. Verabschiede dich dabei nicht von deinem Hund, denn das Alleinbleiben soll etwas ganz Normales für ihn sein. Auch wenn du zurückkommst, beachte ihn zunächst einmal nicht. Würdest du ihn überschwänglich begrüßen, lohnt es sich ja, angespannt auf diese Begrüßung zu warten. Bleibt dein Hund nun entspannt, wenn du für einige Sekunden das Haus verlässt, kannst du Schritt für Schritt die Zeit steigern. Am Anfang brauchst du dafür viel Geduld, denn du darfst immer nur kleine Schritte machen. Hast du deinen Hund also nun 20 Sekunden allein gelassen, verdoppelst du das nächste Mal die Zeit. Aus einer Minute werden zwei, fünf und irgendwann auch 15 Minuten. Nun kannst du die Zeitabstände auch schneller vergrößern, sodass dein Hund bald zwei bis drei Stunden allein bleiben kann. Starte das Training zum Allein-

Rechts: Ohne feste Liegestelle bleibt Filou immer in Jessicas Nähe, er lässt sie nicht aus den Augen.

bleiben aber bitte nur dann, wenn du deinen Hund zuvor ausgelastet hast und er sich ausreichend lösen konnte. Warte dann aber noch einen Augenblick, bis er sich wieder entspannt hat. Verlasse also niemals direkt nach einem spannenden Spiel, wenn dein Hund noch mitten im Erregungszustand ist, die Wohnung. Achte darauf, dass dein Hund keine bestimmten Reize mit deinem Weggehen verknüpft. Ziehe also ruhig einmal deine Jacke an und setze dich damit auf das Sofa.

## Unerwünschtes Jagdverhalten

Viele Secondhand-Hunde sind hervorragende Jäger, doch dies kann in unserer Gesellschaft zum Problem werden. Ein Freilauf dieser Hunde ist oft nicht möglich, was eine große Einschränkung für Mensch und Hund bedeuten kann.

Im ersten Schritt musst du verhindern, dass dein Hund erneut Erfolg hat und jagen geht. Daher führst du ihn zunächst nur an der am Geschirr befestigten Schleppleine spazieren. Parallel dazu baust du Alternativen zum Jagdverhalten auf. Orientiere dich dabei an den Vorlieben deines Hundes, indem du eher Suchspiele, Apportierspiele oder aber z. B. auch das Hetzen an der Reizangel übst. Ein zuverlässiger Rückruf sowie ein sicherer Stopp in der Distanz führen bei dieser Problematik letztlich zum Erfolg (siehe S. 134 f.). Kannst du deinen Hund von der Beute an der Reizangel abrufen, ist der Schritt, ihn davon abzuhalten, ein weglaufendes Kaninchen zu verfolgen, nicht mehr weit. Übe dazu auch, dass dein Hund lernt, Reize auszuhalten. Je entspannter er bleibt, wenn du die Beute an der Reizangel bewegst, desto eher wird er auch andere Reize aushalten (siehe S. 131).

## Starkes Angst- oder Aggressionsverhalten

Einige Hunde aus dem Tierschutz haben schlechte oder auch gar keine Erfahrungen mit Menschen gemacht, sodass sie Unsicherheit gegenüber anderen Menschen zeigen. Insbesondere Hunde aus dem Ausland zeigen nicht selten Unsicherheiten gegenüber Männern, da der Umgang mit Hunden durch diese oftmals nicht besonders freundlich ist. Oder aber sie hatten nur sehr wenig oder gar keinen Kontakt zu Männern, da im Tierschutz viele Frauen aktiv sind. Einige Hunde aus dem Tierschutz zeigen zudem eine starke Umweltunsicherheit. Wird aus Unsicherheit Angst, kann dies das Leben der Familie stark einschränken, denn eine Teilnahme am normalen Leben ist mit diesem Hund kaum möglich, da man ihn weder ins Restaurant mitnehmen kann noch Besuch zu Hause möglich ist. Allein schon ein Termin mit dem Handwerker kann zu einer Herausforderung für alle Beteiligten werden. Und nicht selten wird aus Angst, insbesondere dann, wenn der Hund sich eingeengt fühlt, auch Aggression. Doch aggressives Verhalten zeigen einige Hunde auch z. B. in Bezug auf Nahrung. Gerade dann, wenn sie zuvor um ihr Überleben kämpfen mussten, hat Nahrung oft eine so große Bedeutung, dass der Hund eine Annäherung der Menschen nicht erträgt.

Frieda zeigt große Unsicherheit, als sie mit ihrem neuen Frauchen Susanne zum ersten Mal ihr neues Zuhause betritt.

### Hunde, die keine Menschen kennen

Hat ein Hund bislang noch nie mit Menschen zusammengelebt, kann es sein, dass diese mangelnde Sozialisierung des Hundes auf den Menschen nicht mehr aufgeholt werden kann. Wurde ein solcher Hund vermittelt, bedeutet das für alle Beteiligten großen Stress, denn auf Dauer ist hier kaum eine Besserung zu erwarten. Ideal wäre es, dem Hund im Garten ein ausreichend großes Gehege zu bauen, indem er – eventuell mit einem zweiten Hund – leben kann. In winzigen Schritten kann mithilfe eines professionellen Trainers über Monate gegebenenfalls erreicht werden, dass der Hund sich zumindest versorgen lässt.

### Hunde mit wenig Erfahrung im Umgang mit Menschen

Hat ein Hund bisher nur wenige Erfahrungen mit Menschen gemacht, ist aber an ihre Nähe und ihr Verhalten gewöhnt, kann er in kleinen Schritten an seinen neuen Halter gewöhnt werden. Diese Hunde brauchen zunächst einmal Zeit und viel Freiraum. Nicht selten sucht der Hund sich im neuen Zuhause angekommen sofort einen sicheren Rückzugsraum. Dies kann ein Schrankfach im Regal, eine Ecke zwischen Wand und Sofa oder der Platz unter dem Bett sein. Wichtig ist es nun, den Hund in Ruhe zu lassen. Versuche nicht, ihn herauszulocken. Oftmals traut sich ein solcher Hund erst in der Nacht, wenn alle schlafen, nach draußen, um sich zu lösen und zu fressen. Stelle deinem Hund daher das Futter gut zugänglich hin. Eine Kiste mit Inkontinenzunterlagen kann hierbei als Lösestelle dienen, doch du darfst deinem neuen Hund nicht böse sein, wenn dieser sich mitten in der Wohnung löst. In winzig kleinen Schritten kannst du nun über mehrere Wochen hinweg eine Kontaktaufnahme zu deinem Hund versuchen.

### Kontaktaufnahme langsam aufbauen

Setze dich dazu auf den Fußboden mit etwas Leckerem in deiner Hand. Anfangs kannst du die Fleischwurstbrocken noch in Richtung des Hundes werfen, später muss er immer näher zu dir kommen, bis er letztlich die Futterbrocken aus deiner Hand herausnehmen muss. Alternativ kannst du nun auch eine Futtertube mit Leberwurst nutzen, sodass dein Hund länger bei dir bleiben muss. Versuche dann, ihn einmal kurz zu berühren. Aber Vorsicht, bis du ihn wirklich streicheln und anfassen kannst, wird noch eine ganze Zeit lang vergehen. In solchen Fällen musst du mit mehreren Monaten bis zu einem Jahr rechnen, bevor du deinen Hund überhaupt anleinen und z. B. mit ihm spazieren gehen kannst. Niemals darfst du ihn zu einer Handlung zwingen, denn dann würde er das Vertrauen in dich sofort verlieren. Dein Hund muss immer die Möglichkeit haben, zurückzuweichen. Er soll sich freiwillig und von sich aus entscheiden, sich dir anzunähern und deine Angebote anzunehmen. Hat ein Hund generell Vertrauen zum Menschen und kennt den Umgang mit diesen, zeigt aber Unsicherheit z. B. gegenüber Männern, ist das Training viel leichter und schneller erfolgversprechend. Hat sich der Hund im neuen Zuhause eingewöhnt und Vertrauen zu seinem Menschen gefasst, kann das Training beginnen. Zu Beginn steht (eventuell hilft es auch, wenn er zunächst sitzt) ein Mann in weiter Distanz und ohne sich zu bewegen. Nähere dich nun mit deinem Hund dem Mann an. Du kannst deinen Hund dabei z. B. auch mit einem Such- oder Apportierspiel beschäftigen. Es ist jedoch wichtig, dass dein Hund den Mann überhaupt wahrnimmt. Nun trainierst du so lange, bis du die ersten Anzeichen von Unwohlsein bei deinem Hund bemerkst. Du wartest nun noch auf Entspannung und beendest das Training dann. Schritt für Schritt näherst du dich nun immer weiter mit ihm dem Mann an. Im weiteren Training kann der Mann sich dann auch dynamisch bewegen. Erweitere das Training dann auf andere Männer unterschiedlichen Aussehens, bevor du letztlich auch mit einer ganzen Gruppe von Männern trainierst.
Ähnlich verläuft das Training auch mit einem Hund, der unsicher in Bezug auf Umweltreize ist. Nähere dich den Reizen in kleinen Schritten an, bis dein Hund in ihrer Anwesenheit entspannt. Einen völlig gelassenen Stadthund wirst du aus einem solchen Hund vermutlich nicht mehr machen, doch du kannst zumindest erreichen, dass der Alltag für dich und deinen Hund erträglich ist.

Susanne gibt ihr Zeit und nach einigen Tagen kann sich Frieda entspannt auf die Decke legen.

Martin und Emma können sich aufeinander verlassen – er achtet auf Emmas Bedürfnisse und genießt es, mit ihr zu toben.

### Futteraggression

Zeigt dein Hund aggressives Verhalten in Bezug auf Futter, sei es durch Knurren oder sogar Abwehrschnappen bzw. Beißen, ist es zunächst einmal wichtig, Gefahrenvermeidung zu betreiben. Beobachte deinen Hund genau und vermeide zunächst einmal alle Situationen, in denen es zu aggressivem Verhalten kommt. Zeigt er aggressives Verhalten, wenn du dich in der Nähe des Napfes aufhältst, kannst du ihm den Napf hinstellen und dich dann auf eine für deinen Hund akzeptable Distanz entfernen. Damit es gar nicht erst zu einer kritischen Situation kommt, soll dein Hund als Erstes lernen, so lange nach dem Signal „Bleib" (siehe S. 130 f.) zu warten, bis du ihn z. B. mit dem Signal „Nimm" (siehe S. 124) zum Napf schickst. Dadurch kannst du den Napf auf den Futterplatz deines Hundes stellen und dich dann so weit davon entfernen, dass deine Anwesenheit für deinen Hund keinen Stress mehr bedeutet. Bleibe dort stehen und warte, bis dein Hund den Napf leer gefressen hat. Rufe ihn dann zu dir und gehe zusammen mit ihm aus dem Raum hinaus. Nun lässt du deinen Hund in einem anderen Raum warten, während du zurückgehst und den Napf wegstellst. Damit die Fütterung entspannt verläuft, sollte der Napf an einer strategisch unwichtigen Stelle stehen. Der Eingangsbereich, an dem vielleicht im unpassenden Moment jemand unerwartet vorbeiläuft, eignet sich hierfür in keinem Fall!

### Entspannung trotz Anwesenheit des Menschen

Dein Hund muss nun lernen, trotz deiner Anwesenheit bei der Fütterung zu entspannen. Der erste Schritt ist dabei deine reine Anwesenheit, anfangs in weiter Distanz, später immer näher bei deinem Hund. Zu Beginn bleibst du dabei auch einfach ruhig stehen und wartest, bis dein Hund den Napf leer gefressen hat. Später bewegst du dich beim Fressen ein wenig hin und her, bis du irgendwann frei durch den Raum und dabei auch nahe an deinem Hund vorbeilaufen kannst, während dieser frisst. Beobachte ihn dabei genau. Steht er angespannt? Sind seine Ohren in deine Richtung gedreht, frisst er vielleicht langsamer? Dann gehe lieber erst noch einmal einen Schritt zurück im Training. Erst wenn dein Hund vollkommen entspannt deine Anwesenheit beim Fressen akzeptiert, kannst du das weitere Training starten. Im nächsten Schritt soll dein Hund lernen, dass es für ihn auch dann nicht stressig ist, wenn du, während er frisst, an seinen Napf gehst. Gib dazu anfangs nur eine kleine Portion Futter in den Napf deines Hundes und bleib in seiner Nähe stehen. Hat er den Napf leer gefressen, fülle erneut eine kleine Portion Futter ein. Dies wiederholst du so lange, bis der Hund seine gesamte Portion Futter erhalten hat. Im nächsten Schritt wirst du nun das erste Mal aktiv, während dein Hund noch frisst. Gib erneut eine kleine Portion Futter in den Napf. Beginnt er zu fressen, wirfst du noch ein Futterstück oder später auch eine Handvoll Futterstücke in den Napf hinein. So verknüpft dein Hund deine Annäherung während des Fressens mit etwas Positivem, es gibt mehr Futter!

## Regeln im Umgang mit Secondhand-Hunden

Du bist die wichtigste Person für deinen Hund. Deswegen solltest du dich im Zweifel immer vor deinen Hund stellen, wenn er z. B. von Menschen bedrängt wird (auch wenn sie ihn nur streicheln wollen) und er sich nicht wohlfühlt. An lauten Straßen oder bei Hundebegegnungen solltest du immer als „Puffer" für deinen Hund fungieren. Überfordere deinen Hund nicht: Bringe ihn nicht unbedacht in Situationen mit vielen Reizen, also z. B. Gegenden mit vielen Menschen oder lauten Umgebungen. Wird ein Hund sofort solch starken Reizen ausgesetzt, kann das ein erster Vertrauensbruch für die Mensch-Hund-Beziehung sein. Hunde können ihre Gefühle nicht durch Sprache ausdrücken! Deswegen ist es wichtig, auf ihre Körpersprache zu achten und kleinste Signale von Stress und Unsicherheit (z. B. eine eingezogene Rute, Hecheln, weit geöffnete Augen, angelegte Ohren) richtig zu deuten und deinen Hund gegebenenfalls aus gewissen Situationen zu bringen.

— Beobachte deinen Hund gut und lerne seine Körpersprache zu verstehen
— Bedränge deinen Hund nicht, biete ihm Ausweichmöglichkeiten
— Gehe nicht frontal auf deinen Hund zu, sondern eher seitlich schlendernd
— Beuge dich nicht über deinen Hund, um ihn z. B. anzuleinen oder zu streicheln
— Trainiere die Stubenreinheit wie beim Welpen
— Trainiere das Alleinbleiben in kleinsten Schritten
— Führe deinen Hund an der am Geschirr befestigten Schleppleine spazieren
— Füttere bekannte Nahrung, wie z. B. Spaghetti mit Tomatensauce
— Verhindere Erfolgserlebnisse in Bezug auf Nahrungsbeschaffung
— Laste deinen Hund mit Alternativen zum Jagen, wie z. B. Such-, Apportier- oder Hetzspielen aus
— Gewöhne deinen Hund langsam an Reize.

Eventuell musst du deine Lebensweise verändern, um deinem Hund eine Anpassung zu erleichtern.

**An erster Stelle steht immer deine Beziehung zu deinem Hund – denn du bist der wichtigste Begleiter für ihn – er muss dir vertrauen können und sich sicher fühlen.**

# Service

## Wissenswertes für Hundehalter

## Autoren

**Martin Rütter** gründete 1995 seine erste Hundeschule, in der er nach neuesten wissenschaftlichen Kenntnissen aus der Verhaltensforschung seine Trainingsphilosophie aufbaute und diese bis heute weiterentwickelt. Mittlerweile gibt es in vielen Ländern Europas Hundeschulen, die nach der Philosophie von Martin Rütter arbeiten und in denen vor allem der Mensch im Vordergrund steht und mit seinen Problemen ernst genommen wird (www.martinruetter.com/hundeschulen). Doch auch das Entertainment hat es Martin Rütter angetan, und es ist ein großes Erlebnis, ihn live auf seinen Tourneen zu erleben. Zudem setzt er sich in den Medien für eine bessere Mensch-Hund-Beziehung ein. In seinen TV-Sendungen „Der Hundeprofi – Rütters Team" auf VOX und „Die Unvermittelbaren„ auf RTL hilft Deutschlands beliebtester Hundeexperte auch in schwierigen Fällen. Auf RTL berät er in „Die Welpen kommen" Neuhundehalter von Anfang an.

**Andrea Buisman** lebt in Zülpich bei Köln mit ihren Labrador Retrievern, mit denen sie aktiv die verschiedensten Beschäftigungsformen für Mensch und Hund ausübt. Hierzu zählen z. B. Agility, Apportiertraining, Jagdliches Training und Zughundesport. Sie ist seit 2003 im Team von Martin Rütter. Abgesehen von ihren Spezialgebieten „Mehrhundehaltung" und „Jagdverhalten" ist sie gefragte Referentin für Trainerfortbildungen zu Themen wie „Welpen" oder „Aggression bei Hunden". Sie bildet angehende „Martin Rütter Hundetrainer" aus und ist für die fachliche Betreuung des Netzwerks der Martin Rütter Hundeschulen zuständig. Auch das Angebot „Martin Rütter Hundeführerschein" hat sie mit entwickelt und leitet hier die Fortbildungen in den Martin Rütter Hundeschulen. Andrea Buisman züchtet zudem Labrador Retriever im Deutschen Retriever Club unter dem Zwingernamen „Speed'n Style".

160 Seiten

Ob Besuch-Anspringen, Nicht-allein-bleiben-Können, An-der-Leine-Ziehen, Aggression gegen Artgenossen an der Leine oder auf dem Spaziergang alles fressen, auch Giftköder – die Probleme im Hundealltag sind so vielfältig wie die Vierbeiner und ihre Halter. „Hundeprofi" Martin Rütter weiß, wie belastend unerwünschtes Verhalten für die Mensch-Hund-Beziehung sein kann. Einfühlsam beschreibt er die häufigsten Probleme, klärt über die Ursachen auf und bietet erprobte Lösungen. Seine Trainingsanleitungen sind leicht nachvollziehbar und zeigen, wie man in kleinen Schritten Verhalten ändern oder sich besser darauf einstellen kann.

---

Furcht vor Donnergrollen, Panik beim Auto- oder Bahnfahren, Angst vor Artgenossen – ängstliche Hunde liegen Martin Rütter besonders am Herzen, denn diese leiden oftmals still und ihre Menschen mit ihnen. Auch Hunde aus dem Tierschutz, die mit einem neuen Lebensumfeld konfrontiert werden, sind häufig davon betroffen. Zusammen mit Co-Autorin Andrea Buisman erklärt der Hundeprofi, wie man die ersten Anzeichen von Angst und Unsicherheit erkennt, welche Ursachen dahinterstecken und welche Möglichkeiten es gibt, seinem Hund mehr Selbstvertrauen und damit mehr Lebensqualität zu geben.

160 Seiten

# Register

Bei der Ansprache im Text sind alle drei Geschlechter gemeint. Wir nutzen jedoch die männliche Form. Dadurch wird das Buch leichter lesbar. Dafür bitten wir um Verständnis.

## Literaturnachweis

von der Leyen, Katharina und Inga Böhm-Reithmeier: Die zweite Chance. Kosmos, 2017.

## Bildnachweis

157 Farbfotos wurden von Andreas Linde für dieses Buch aufgenommen.
Ein weiteres Farbfoto von Klaus Grittner (1: S. 14).



## Impressum

Umschlaggestaltung von GRAMISCI Editiorialdesign, München / Claudia Geffert unter Verwendung von zwei Farbfotos von Andreas Linde.

Mit 161 Farbfotos.

Alle Angaben in diesem Buch erfolgen nach bestem Wissen und Gewissen. Sorgfalt bei der Umsetzung ist indes dennoch geboten. Der Verlag und die Autoren übernehmen keinerlei Haftung für Personen-, Sach- oder Vermögensschäden, die aus der Anwendung der vorgestellten Materialien, Methoden oder Informationen entstehen könnten.

Unser gesamtes Programm finden Sie unter **kosmos.de.**
Über Neuigkeiten informieren Sie regelmäßig unsere
Newsletter, einfach anmelden unter **kosmos.de/newsletter**

Gedruckt auf chlorfrei gebleichtem Papier


Pfizerstraße 5 – 7, 70184 Stuttgart
kosmos.de/servicecenter

ISBN 978-3-440-17770-9
Redaktion: Hilke Heinemann
Gestaltung und Satz: Atelier Krohmer, Dettingen/Erms
Produktion: Angela List
Druck und Bindung: FIRMENGRUPPE APPL. aprinta Druck, Wemding
Printed in Germany / Imprimé en Allemagne

FSC® www.fsc.org MIX Papier | Fördert gute Waldnutzung FSC® C004592

MARTIN
RÜTTER
LIVE
SCHLUSS! AUS!
„SCHLUSS! AUS!“ - Die Live-Tour von und mit Martin Rütter.
Alle Termine und Tickets auf: www.martin-ruetter-live.de >>